三角洲储层地质知识库系统设计与实现

刘显太 王 军 刘远刚 李少华 著

石油工业出版社

内 容 提 要

本书包含两部分内容，第一部分主要介绍了利用水槽沉积模拟实验对三角洲储层内部结构解剖及定量描述，第二部分主要介绍了三角洲储层地质知识库的内容、系统设计及实现。

本书可供从事油藏描述及储层建模方面的科技工作者及相关专业师生参考。

图书在版编目(CIP)数据

三角洲储层地质知识库系统设计与实现/刘显太等著.
北京：石油工业出版社，2014.10
ISBN 978-7-5183-0428-8

Ⅰ. 三…
Ⅱ. 刘…
Ⅲ. 三角洲-储集层-知识库系统-研究
Ⅳ. P618.130.2

中国版本图书馆 CIP 数据核字(2014)第 242053 号

出版发行：石油工业出版社
（北京安定门外安华里2区1号　100011）
网　　址：http://pip.cnpc.com.cn
编辑部：(010)64523543　发行部：(010)64523620
经　销：全国新华书店
印　刷：北京中石油彩色印刷有限责任公司

2014年10月第1版　2014年10月第1次印刷
787×1092毫米　开本：1/16　印张：7.5
字数：200千字

定价：50.00元
（如出现印装质量问题，我社发行部负责调换）
版权所有，翻印必究

前　言

三角洲储层在我国是非常重要的一类油气储层。随着开发不断深入,三角洲储层内部隔夹层成为决定油水分布最为重要的因素之一。尤其是河口坝内部各种夹层,分隔与复杂化了其内部油水分布与开发特征,需要对其进行定量表征与预测,为油田生产服务。由于储层内部结构单元尺度通常小于开发井距,对其开展精细研究需要地质知识库的指导。建立储层地质知识库是进行储层精细化、定量化研究中不可或缺的一个环节,而其研究手段就是对野外露头、现代沉积、密井网区或沉积模拟过程和结果进行解剖。这些来源于大比例尺测量的数据构成了地质知识库的数据来源。这些信息(知识)可以直接作为输入参数进行储层随机建模,或为某些参数的确定、模拟方法的选择、实现选取及结果的检验提供数据或者地质依据。目前地质知识库方面的研究多限于原型模型的建立,关于获取的信息(知识)如何存储、管理、共享及直接指导储层精细表征和建模等方面的研究较少。已有的地质知识主要通过表格、图片、经验公式等方式保存,会存在以下几个方面的不足:(1)没有统一的建库标准,不易实现地质信息的共享与扩展;(2)难以反映储层内部各级次结构单元的相互关系;(3)难以实现对不同来源信息的快速查询与综合;(4)无法给出三维的概念模式。各种露头、现代沉积以及密井网、沉积模拟实验解剖的储层结构相关信息的存储、管理、共享与维护将是一项重要而有意义的工作。本书对储层结构数据库进行了较系统深入的研究,实现结构数据库从单机版到网络版,便于知识库的维护与信息共享;实现了各类信息的快速查询和统计,方便指导地下储层的研究工作。

本书包含两部分内容,第一部分主要介绍地质知识库的一种数据来源——沉积模拟实验,通过水槽沉积模拟实验获取相关信息的过程和相应的一些数据(知识),共包括五章:第1章简要介绍了沉积物理模拟实验的发展历程、实验设备和基本的原理;第2章介绍了原型模型的建立和实验方案的设计。先验的地质知识应用于地下储层研究的时候必须考虑适用性,所以需要根据原型模型设计相应的实验方案,这样获取的信息才更有针对性;第3章主要介绍对实验过程的观察、描述和对模拟结果的切片,采用照片、录像、素描、记录、测量等多种方式详细记录实验过程和结果;第4章分析了河口坝发育主控因素,并总结了几种发育模式;第5章利用构型分析法解剖了河口坝,定量分析了河口坝的几何形态。第二部分主要介绍地质知识库软件的设计、实现和主要功能,也包括五章:其中第6章介绍了地质知识库的含义、作用、主要内容和软件;第7章从四个方面介绍了地质知识库的数据来源,包括露头、现代沉积、密井网解剖和沉积模拟实验;第8章介绍了三角洲储层地质知识库的系统设计,包括需求分析、结构设计、数据库设计和功能设计;第9章介绍了知识库系统的相关关键技术,包括插件式应用程序框架技术、地理信息系统(GIS)技术和基于关系数据库的大对象数据存储技术;第10章从六个方面介绍了知识库的主要功能。

  本书是国家"十二五"科技重大专项课题"精细油藏描述技术及剩余油赋存方式研究"(项目编号:2011ZX05011-001)的部分研究成果,是中国石化胜利油田分公司、长江大学、中国石油大学(华东)等多家单位共同的研究成果。本书第一部分主要由刘显太、王军、李少华、石富伦执笔,第二部分主要由刘远刚、王军、刘显太执笔,全书由刘显太统稿。地质知识库软件系统方面的研究相对较少,本书在这方面做了一些探索,希望对相关科技工作者有一定的借鉴作用。由于水平和时间限制,书中难免有不足之处,望读者不吝赐教!

目 录

第1章　沉积物理模拟实验技术及理论 (1)
　1.1　国内外研究进展及发展趋势 (1)
　1.2　沉积物理模拟实验装置及其局限性 (4)
　1.3　物理模拟基本原理 (6)

第2章　原型模型的建立 (11)
　2.1　研究区概况及沉积背景 (11)
　2.2　实验设计及过程控制 (13)

第3章　三角洲沉积模拟实验 (16)
　3.1　实验过程描述 (16)
　3.2　切片方案设计与实施 (26)
　3.3　剖面分析 (28)

第4章　河口坝发育主控因素及发育模式 (33)
　4.1　河口坝形成与演化的主控因素 (33)
　4.2　河口坝发育模式 (39)

第5章　河口坝构型研究 (45)
　5.1　储层构型分析法 (45)
　5.2　河口坝构型分级及界面划分 (45)
　5.3　单一河口坝识别标志 (47)
　5.4　单一河口坝定量规模 (52)
　5.5　河口坝构型模式 (59)

第6章　地质知识库概述 (62)
　6.1　地质知识库的含义 (62)
　6.2　地质知识库的作用 (62)
　6.3　地质知识库的内容 (63)
　6.4　地质知识库软件 (64)

第7章　地质知识库数据来源 (66)
　7.1　地质露头 (66)
　7.2　现代沉积 (67)
　7.3　密井网解剖 (68)
　7.4　沉积模拟实验 (69)

第 8 章　三角洲知识库软件系统设计 …………………………………………（71）
8.1　系统需求分析 ……………………………………………………………（71）
8.2　系统结构设计 ……………………………………………………………（72）
8.3　系统数据库设计 …………………………………………………………（73）
8.4　系统功能设计 ……………………………………………………………（83）

第 9 章　知识库软件关键技术及其实现 …………………………………………（87）
9.1　插件式应用程序框架技术 …………………………………………………（87）
9.2　地理信息系统（GIS）技术 …………………………………………………（89）
9.3　基于关系数据库的大对象数据存储技术 …………………………………（92）

第 10 章　知识库软件主要功能 …………………………………………………（99）
10.1　数据管理 …………………………………………………………………（99）
10.2　查询与统计分析 …………………………………………………………（102）
10.3　经验公式库 ………………………………………………………………（103）
10.4　参考文献库 ………………………………………………………………（105）
10.5　地图标注与查询 …………………………………………………………（106）
10.6　网上地质知识浏览和查询 ………………………………………………（108）

参考文献 ……………………………………………………………………………（110）

第1章 沉积物理模拟实验技术及理论

1.1 国内外研究进展及发展趋势

沉积模拟研究始于19世纪末期,至今已走过了逾百年的坎坷不平的研究历程。回首百年,可将沉积模拟研究分为三个阶段:即19世纪末至20世纪60年代的初期阶段、20世纪60—80年代的迅速发展阶段和20世纪90年代以来的定量研究及湖盆砂体模拟阶段,每个阶段都有其研究重点和热点。可以认为20世纪60年代以后的沉积模拟研究成果推动了不同学科的交叉与繁荣,促进了实验沉积学的飞速发展,奠定了现代沉积学的基础。

1.1.1 国外研究进展

1.1.1.1 以现象观察描述为主要内容的初级阶段

19世纪末,Deacon G. F. (1894)首次在一条玻璃水槽中观察到泥沙运动形成的波痕,并对其进行描述。Gilbert G. K. (1914)第一次用各种粒径的砂在不同的水流强度下进行了水槽实验,较详细观察和描述了一系列沉积现象和沉积构造,他当时描述的沙丘后来被其他研究者命名为不对称波痕。此后在20世纪五六十年代,Einstein H. A. (1950)、Brooks K. A. W. (1965)、Bagnold R. A. (1954,1966)等亦完成了一些开拓性的实验,并建立了实验沉积学的一些基本方法,但这一时期的实验内容总体比较简单,多以实验现象的观察和描述为主,缺乏理论分析和指导。Simons D. B. 和 Richardson E. V. (1961,1965)关于水槽实验的系统研究报告在沉积学界引起震动,应看作是该时期实验研究的代表性成果。

此外,这一时期 Lane E. W. 和 Carlson E. J. (1953)、Laursen E. M. (1956)、Meyer P. E. 和 Muller R. (1948)、Prandt L. (1930)、Trowbridge A. C. (1930)、Jeopling A. V. (1964)、Krumbein W. C. (1942)、钱宁和周文浩(1961)、Allen J. R. L. (1963,1964)、Potter C. J. 和 Petti John F. J. (1963)、Sheldon P. Q. (1928)、Leopold L. B. (1960)、Fisk H. N. (1951)也在实验室内开展了类似的研究工作。这一时期的实验及野外观察加深了人们对沉积作用的物理过程和沉积构造的水力学意义的认识和理解,大大推进了沉积学的发展。

1.1.1.2 以沉积机理研究为主要内容的迅速发展时期

20世纪60—80年代,随着科学技术的发展,模拟实验的装备及技术日趋完善,实验内容已不仅仅局限在沉积现象的观察与描述方面,而深入到沉积机理的研究。Schumm S. A. (1968,1971,1977)和 Williams G. E. (1971)用水槽实验研究了凹凸不平的底床对流量变化的反应;Kailinske A. A. (1987)、Cheel R. J. (1986)、Fraser G. S. (1990)、Bridge J. S. (1981)、Leeder M. R. (1983)、Luque R. F. (1974)、Crowley K. D. (1983)、Bridge J. S. (1988,1976)、赵霞飞(1982)、Yalin M. S. (1979,1972)、Coleman J. M. (1973)、Dietrich W. E. (1978)、Bridge J. S. 和 Jarvis J. (1976)、Saunderson H. C. (1983)从室内到野外研究

了各类底形的生长情况;麻省理工学院地球和行星科学系的 Southard 和 Boguchwal(1973)用一条长 4m、宽 17cm、深 30cm 的倾斜水槽进行了从波纹到下部平坦床砂的实验研究,继而在 1981 年,又与加拿大学者 Costello 和 Southard(1981)合作,在一条长 11.5m、宽 0.92m 的水槽中用分选良好的粗砂研究下部流态底形的几何、迁移和水力学特征。Southard 与新泽西州立大学地质科学系的 Ashley(1982)分别用水槽模拟爬升波纹层理的沉积特征,应用水深和平均速度来表征在松散泥砂河床的明渠均匀流中的床面形态,以无因次水深速度和粒径(或者以这三个变量本身)为坐标,得到一种三维空间曲面图形,图中各点可能的床面形态具有一一对应。

1.1.1.3 以砂体形成过程和演化规律为主要研究内容的湖盆砂体模拟阶段

20 世纪 80—90 年代以后,沉积模拟研究进入了以砂体形成过程和演化规律为主要研究内容的湖盆砂体模拟阶段。该阶段不仅注重解决理论问题,更注重解决实际问题,与油气勘探开发紧密结合。

20 世纪 90 年代之后,各国实验沉积学家调整研究思路,克服重重困难,在尽量保持原有特色的基础上,或对原有的实验室结构进行大规模的改造或重新建立适合于砂体模拟的大型实验室。具代表性的有:

(1)科罗拉多州立大学工程研究中心的大型流水地貌实验装置:该实验装置主要模拟河流沉积作用,同时可模拟天然降雨对河流地貌的影响,以及在不同边界条件下河床变形规律、单砂体的形成机制等。美国许多实验沉积学家在该装置上完成了一系列实验(Baridge J. D.,1993;Bryant J. D.,1993)。我国访问学者赖志云教授也在此完成了鸟足状三角洲形成及演变的模拟实验。

(2)瑞士联邦工业学院 Delft 模拟实验室:该室建成的大型水槽用加固混凝土建造,观察段由带玻璃窗的钢架构成。水槽总长 98m,宽 2.5m,带玻璃窗段长 50m,测量段长 30m,测量段宽为 0.3m 和 1.5m。没有沉积物时的最大水深为 1m。1986 年该实验室的项目工程师威本加和项目顾问克拉松用这个装置研究了在不稳定流条件下底形规模的变化,资料处理以后,针对每个过渡带,自动绘出水深与时间、沙丘高度与时间、沙丘长度与时间的关系曲线,从而确定底形规模的变化规律。欧洲学者在此完成了小型冲积扇和扇三角洲形成过程的模拟实验,取得了一些定性和半定量的成果。

(3)日本筑波大学模拟实验室:该实验室长 343m,宽数米(具体数字不详),自动化程度较高,监测设备相对齐全,分析手段比较先进,相继完成了海浪对沉积物搬运和改造、饱和输沙及非饱和输沙的河流沉积体系、湖泊沉积与水动力学等一系列实验,有一批世界各地的客座研究人员,定期发布研究成果。

此时沉积模拟有两个特点:一是逐渐由定性型描述向半定量或定量型研究转变;二是小型水槽实验转向大型盆地沉积体系模拟。

1.1.2 国内研究进展

国内 1995 年以前水槽实验室主要集中于水利、水电和地理部门的有关院校和研究单位,从事泥沙运动规律、河道演变和大型水利水电枢纽工程等的实验研究。1970 年代末长春地质学院建成了第一个用于沉积学研究的小型玻璃水槽,长6m,高80cm,宽25cm,主要研究底形的形成与发展。1980年代中国科学院地质所也用自己的小型水槽做了一部分研究工作。作为我国曾经仅有的以沉积学研究为主的实验室,虽然在内容、深度和广度上与国际水平还有差距,但迈开了我国沉积模拟实验发展的第一步。

随着沉积学理论发展和应用的需要,特别是油气勘探开发对定量沉积学、储层沉积学和沉积模拟实验提出了更高的要求。多年来,在我国东部陆相断陷湖盆的研究中,一直存在一些争论不休的问题,如湖盆陡坡沉积体系、扇三角洲、水下扇的形成条件和分布规律以及裂谷湖盆与坳陷湖盆沉积体系的区别等,都期待着沉积模拟实验予以验证;不同类型的单砂层的形态、规模和延伸方向等也需要沉积模拟实验予以定量解决。建立我国的沉积模拟实验室,模拟陆相盆地沉积砂体,重点解决生产实际中储层预测问题,提高勘探成功率和开发效益,已成为我国实验沉积研究的重点。因此,长江大学CNPC(中国石油天然气集团公司)沉积模拟重点实验室应运而生。

1.1.3 发展趋势

20世纪90年代以后,物理模拟研究出现了一些新的发展动态和趋势,这些发展趋势可概括为以下五个方面:

1.1.3.1 物理模拟与数值模拟的日益结合

沉积模拟研究过去一个世纪的发展历程,所取得的成果主要集中在物理模拟研究方面,随着计算机在地学领域内的普遍应用,碎屑砂体沉积过程的数值模拟研究正逐渐发展成为沉积模拟技术的一个重要分支,并且日益与物理模拟相互渗透,二者相辅相成,相互依赖,相互促进,现在看来,碎屑沉积过程的物理模拟与数值模拟的多层面结合是沉积模拟技术的一个重要发展方向。通过物理模拟与数值模拟的结合,使数值模拟研究摆脱人为因素的干扰,物理模拟过程可为计算机数值模拟提供定量的参数,使数值模拟有可靠的物理基础,更接近于油田生产实际,从而更有效地指导油气勘探开发。

1.1.3.2 提供勘探早期储层预测的新方法

在一个盆地或区块勘探早期,一般钻井较少,仅有几口评价井,但是往往有相对比较详细的地震资料。通过地震资料的解释,可以明确盆地或区块的边界类型及条件以及沉积体系的类型,结合钻井资料,可以建立概化的地质模型,并抽取主要控制因素建立物理模型,在物理模型指导下就可开展物理模拟实验。由物理模拟提供的参数可以开展数值模拟研究,从而可以较准确地预测盆地沉积体系的展布规律,以及优质储层的分布,为勘探目标选择提供依据,这是沉积模拟研究为油气勘探开发服务的一个重要方面,正逐渐成为沉积模拟技术发展的一个显著趋势。

1.1.3.3 提供开发后期砂体非均质性描述的新技术

油田开发后期一般静动态资料较多,可以利用较丰富的油田开发生产资料,建立精细的地质模型,分砂层组成单砂层开展模拟实验,并把实验结果与已有的静动态资料进行对比,如果在井点上实验结果与静动态资料所反映的砂体特征吻合程度较高,就可以认为实验结果是可靠的。对于井点之间原型砂体的特征可由实验砂体(模型砂体)对应井点之间的特征来描述,从而定量预测井间储层分布和非均质特征以及剩余油的分布规律,这是沉积模拟技术发展的另一个重要动向。

1.1.3.4　与储层建筑结构要素分析方法的结合

储层建筑结构要素分析方法的实质是储层是分层次的,层次性是储层形成过程的一个重要特征,也是地质现象的普遍规律。每个层次都具有两个要素,即层次界面和层次实体。沉积模拟实验的主要优势就是可以按形成过程的时间单元详细地描述这些界面的形态、起伏、连续性、分布范围和厚度变化以及它们所代表的级别,并与现代沉积和露头调查成果相互印证,建立储层预测的地质知识库和储层参数模型,提出砂体形成和分布的控制因素以及演变的地质规律,这是其他研究方法所不具备的。

1.1.3.5　与流动单元划分及高分辨率层序地层研究相结合

油气田开发后期,研究剩余油分布规律的一个重要手段就是对流动单元进行重新划分和识别。在该过程中,高分辨率层序的研究是一个基础,近来沉积模拟技术也在该项研究中起到非常重要的作用。因为高分辨率层序地层研究的关键就是对等时界面进行精细划分,而沉积模拟技术正好具备这一优势,无论是砂体形成过程的物理模拟实验或是数值模拟研究都可以提供砂体形成过程中任一阶段的时间界面以及该时间段内的储层分布和内部结构特征,同时可以指出下一时间段内的储层演化趋势及生长变化特征。所以说沉积模拟技术与高分辨率层序地层研究相结合,必将在细分流动单元和剩余油预测方面显示出强大的生命力。国内外不少学者在以不同方式开展此方面的工作,有理由相信,在未来几年内该方法会发展成为剩余油分布预测的一项实用技术。

综上所述,进入 21 世纪后,沉积模拟研究除了保持其原有的沉积学理论研究的优势之外,主要的发展趋势是与计算机及其他地质研究方法相结合,在预测储层生长变化及演化趋势方面形成综合性的实用技术。

1.2　沉积物理模拟实验装置及其局限性

1.2.1　实验装置

CNPC 沉积模拟重点实验室实验装置长 16m,宽 6m,深 0.8m,距地平面高 2.2m,湖盆前部设进(出)水口 1 个,两侧各设进(出)水口 2 个,用于模拟复合沉积体系,尾部设出(进)水口一个(图 1—1)。装置基底由固定底板和活动底板组成,活动底板由四块 2.5m×2.5m = 6.25m² 的小活动底板组成,活动底板能向四周同步倾斜、异步倾斜、同步升降、异步升降。活动区倾斜坡度 35%、上升幅度 10cm、下降幅度 35cm、同步误差小于 2mm。每块底板由 4 根支柱支撑,不漏水漏砂,而且运动灵活可靠,基本满足实验要求(图 1—2)。活动底板的控制是由 16 台步进电机、16 台减速机、4 台驱动电源、计算机及电子元器件实现的,由计算机输出脉冲数,控制步进电机转动,并转化为活动底板的升降。步进电机的最大优点是可以精确控制运动状态,升降速度可根据需要调整,从而满足自然界地壳运动特点的要求。

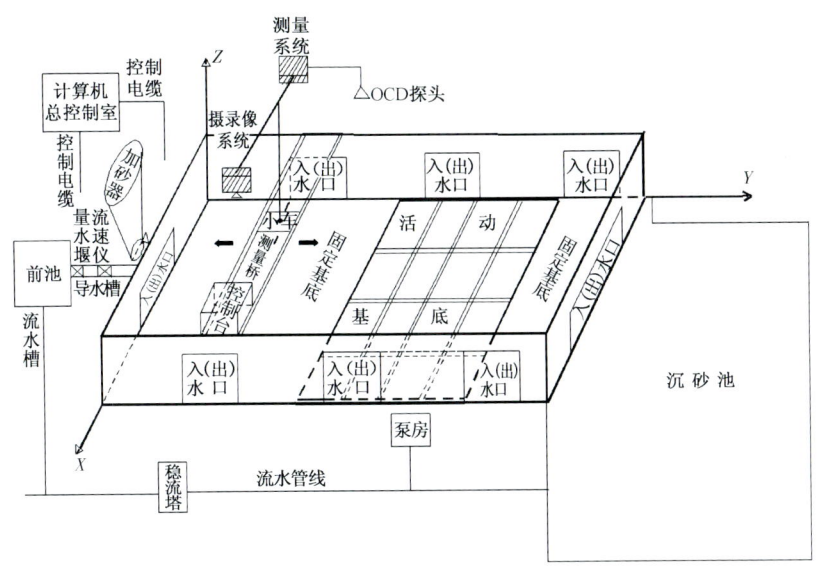

图 1-1 CNPC 沉积模拟实验装置示意图

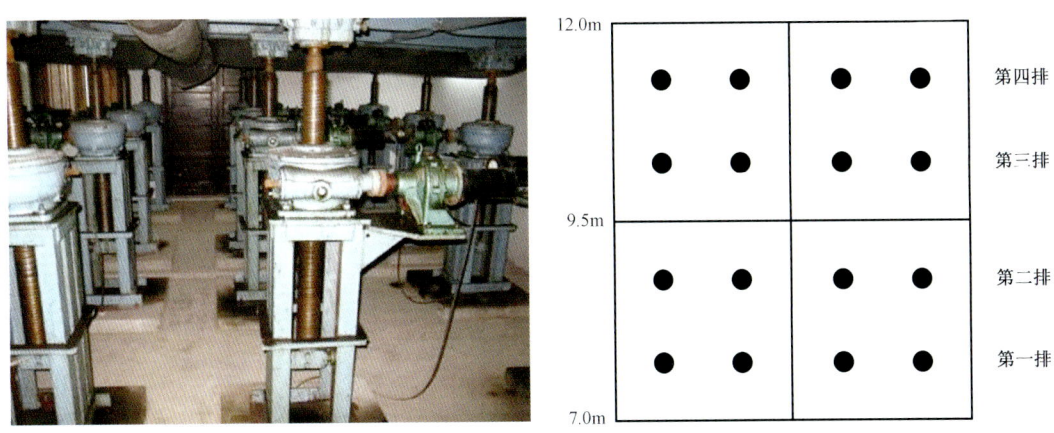

图 1-2 活动基底升降装置及活动底板示意图

1.2.2 装置局限性

1.2.2.1 尺度的限制

任何物理模拟实验装置由于受到场地及装置大小的限制,不可能无限制地扩大规模。如果原型的几何规模比较大,要想在室内实现模拟,就只有缩小比例,而任何比尺的过度缩小,都将造成实验结果的失真和变形,导致原型与模型之间相似程度的降低。根据目前实验水平,一般 X、Y 方向的比例尺控制在 1∶1000 之内较合适。Z 方向的比例尺控制在 1∶200 之内比较理想。实际工作中,一般使 X、Y 方向比例尺保持一致,即选用正态模型准确性较高。某些情况下,根据原型的形态特点,X、Y 方向的比例尺允许不一致,即选用变态模型,但二者相差不宜太大,否则容易造成实验结果的扭曲。

1.2.2.2 水动力条件及气候条件的限制

自然界碎屑沉积体系形成过程中,水动力条件非常复杂,有些条件在实验室内难以实现,如潮汐作用、沿岸流、水温分层、盐度分异、以及沉积过程中突然的雨雪气候变化等影响因素,这些都在一定程度上影响了实验过程的准确性。

1.2.2.3 模型理论的限制

在前述相似理论中,诸多相似条件有时并不能同时得到满足,而某个条件的不满足就可能导致实验结果在一定程度上的失真。例如,要使模型水流与原型水流完全相同,必须同时满足重力相似与阻力相似,但二者是一对矛盾;又如悬浮颗粒的运动,现有模型中关于沉降速度的相似条件有沉降相似和悬浮相似,很显然,二者也不可能同时满足。因此实验方案设计中,抽取起主要作用的因素显得十分重要。

1.3 物理模拟基本原理

物理模拟是对自然界中的物理过程在室内进行模拟,其关键是要解决模型与原型之间相似性的问题,也就是说,实验模型在多大程度上与原型具有可比性是成败的标准。为此物理模拟实验必须遵从一定的理论,这种理论称之为相似理论。模型与原型之间必须遵守的相似理论包括几何相似、运动相似及动力相似。

1.3.1 几何相似

几何相似是指模型与原型的几何形状相同,原型和模型各对应部位的尺寸都成同一比例,这是相似的必要条件。

规定原型值与模型对应值的比例称为模型比例。设 L_H 为原型某一部位的长度,L_m 为模型对应部位的长度,则长度比尺为:

$$\lambda_L = \frac{L_H}{L_m} \tag{1-1}$$

式中,下角标"H"代表原型,"m"代表模型。长度比尺 λ_L 在原型和模型任何相应的部位都相同,因此,它既可以代表长度比尺,也可代表宽度比尺和高度比尺。

有了长度比尺 λ_L,就可以根据它引出面积比尺和体积比尺。因为面积是长度的平方,所以面积比尺为:

$$\lambda_A = \frac{A_H}{A_m} = \lambda_L^2$$

同理,因为体积是长度的三次方,所以体积比尺为:

$$\lambda_W = \frac{V_H}{V_m} = \lambda_L^3$$

长度比尺表征着几何相似,也就是说几何相似是通过长度比尺 λ_L 来表达的。

1.3.2 运动相似

运动相似是指原型和模型水流各对应点的流速都成同一比例。设 v_H 为原型水流某一点的流速,v_m 为模型水流对应点的流速,则流速比尺为:

$$\lambda_v = \frac{v_H}{v_m} = \frac{\lambda_L}{\lambda_t} \tag{1-2}$$

式中,λ_t 为时间比尺。有了流速比尺 λ_v,就可据此引出加速度比尺为:

$$\lambda_u = \frac{a_H}{a_m} = \frac{\lambda_v}{\lambda_t} = \frac{\lambda_L}{\lambda_t^2} \tag{1-3}$$

另外还可引出其他与时间有关的物理量的比尺,如角速度比尺、运动黏滞性比尺、流量比尺等。

对照几何相似,可以看出,运动相似多了一个时间比尺 λ_t。也就是说,运动相似是通过长度比尺 λ_L 和时间比尺 λ_t 二者来表达的。

1.3.3 动力相似

作用于水流的外力包括各种各样不同性质的力,但主要的外力是重力和黏滞力,此外还有表面张力和弹性力等。动力相似是指作用于原型和模型水流的各种不同性质的力都各自成同一比例。

设作用于原型和模型水流各对应点的重力为 G_H、G_m,黏滞力为 R_H、R_m,则力的比尺为:

$$\lambda_f = \frac{G_H}{G_m} = \frac{R_H}{R_m} \tag{1-4}$$

因为 $G = \rho g V$,$R = L \rho \gamma v$,所以:

$$\lambda_f = \frac{\lambda_m \cdot \lambda_L}{\lambda_t^2} \tag{1-5}$$

式中,λ_m 为质量比尺。有了质量比尺,就可据此引出其他与质量有关的物理量比尺,如密度比尺、重率比尺、动量比尺、能量比尺、功率比尺等等。

对照运动相似可以看出,动力相似多了一个质量比尺 λ_m。也就是说,动力相似是通过长度比尺 λ_L、时间比尺 λ_t 和质量比尺 λ_m 三者来表达的。

1.3.4 相似准则

应用上述三个相似条件,可以进一步推导出物理模拟的一系列相似准则,最主要的相似准则包括:

(1) 悬浮相似准则:

$$W_r = v_r \left(\frac{H_r}{L_r} \right)^{\frac{1}{2}} \tag{1-6}$$

（2）颗粒运动相似准则：

$$\begin{cases} (C_D - fc_L)_r = 1 \\ \left(\dfrac{\rho_p}{\rho} - 1\right)_r = 1 \\ \left(\dfrac{fgD}{u_D^2}\right)_r = 1 \\ \left(\dfrac{v_D \cdot D}{\gamma}\right)_r = 1 \end{cases} \qquad (1-7)$$

（3）河道变形相似准则：

$$(t_1)_r = \dfrac{\beta_r H_r L_r}{q_{sr}} \qquad (1-8)$$

式(1-6)、式(1-7)、式(1-8)中的符号意义：

ρ——水流密度；

t——时间；

p——应力；

γ——运动黏滞系数；

H——水深；

q——单位长度内流进或流出的流量；

W——颗粒的沉速；

C——颗粒浓度；

D——颗粒直径；

f——摩擦系数；

v_D——深度为 D 处的流速；

q_s——单宽输砂率；

β——床砂干容重；

$(t_1)_r$——河道变形的时间比尺。

下标 r 为原型与模型中各物理量的比值。

模型与原型的几何相似、运动相似、动力相似等三个相似条件以及悬浮相似、颗粒运动相似和河道变形相似等三个准则就是开展物理模拟研究的基本原理。

1.3.5 自然模型法

在模拟过程上，一个重要的问题是设计出能反映地质特征的模型。一般模拟是水利、水文上的河工模拟，所涉及的时间跨度非常短暂，是在现今条件确定的情况下，对某一河道或河道的某一段，抓住模拟的主控因素，通过相似理论，将原型的地质情况从空间和时间上缩小到模型上，通过确定实验参数进行模拟，预测未来若干年内河道演变的可能。其研究相对成熟，已经初步建立了一套理论基础和实验方法。碎屑砂体湖盆模拟作为沉积物理模拟的一个分支,只有近20多年的发展历史。与一般的物理模拟性质不同,其模拟对象是在几万年甚至几百万年前形成的,初始条件基本未知,只能通过勘探开发的沉积结果,对初始条件进行反演,尽可能逼近真实的沉积过程,但还有很多的不确定性,故更多的是采用自然模型法对模拟目标进行定性研究。

砂体形成及演变过程极为复杂,目前在理论上对于砂体演变的规律研究尚不完善,一些问题尚不能依靠计算方法直接解决。通常采取综合的研究方法,将现代沉积调查、理论分析计算和室内物理模拟实验结合起来。

砂体演变过程是水流与泥砂间相互作用的一种过程,在一定的水流泥砂与纵比降条件下,水流(包括模型原始小河中的水流)必然形成特有的几何形态。水流断面尺寸(宽度和深度)与水流泥砂特征和比降间具有特定的关系,称为河相关系。河相关系说明河道断面形态并不是任意的而是具有特定的约束条件。

自然模型法在实验室内最早应用是对任意塑造的人工小河的演变问题进行研究,并获得了相应的经验,它对于揭示砂体演变问题的宏观本质具有重要意义。

自然模型法的关键问题在于决定模型比尺。一般地讲,自然模型的比尺是以原型的某些特征值(如河宽、水深、流量、含砂量、砂体迁移速度等)与模型相应的特征值对比后求得。而在设计模型时由于缺乏原型的各项特征值,因此,可以先将模型小河段看作是小的原型,利用现有的水流泥砂运动以及河相关系式进行初步计算,近似地求出模型比尺。然后再在模型中实测各项特征值予以修改比尺。

自然模型法中最重要的比尺为几何比尺、水流比尺、输砂比尺及时间比尺四大类,每一类中又有若干亚类。开展自然模型法物理模拟实验时,上述比尺关系在模型设计时应该充分考虑,因为它决定了模型与原型的相似程度。然而,每种比尺关系的权重是不同的,由表1-1可看出,其中最重要的是几何比尺和水流比尺,而几何比尺又是重中之重,实验中应重点考虑。

表1-1 自然模型法比尺公式表

比尺类别	比尺名称	符号	比尺计算公式	公式符号意义及说明
几何比尺	水平比尺	λ_L	$\dfrac{L_H}{L_m}=\dfrac{B_H}{B_m}$	L:长度,B:宽度,H:原型,m:模型,下同
	深度比尺	λ_h	$\dfrac{\sqrt{\lambda_L}}{\lambda_\phi}$	$\lambda_\phi=\dfrac{\phi_H}{\phi_m}$,$\phi_H$、$\phi_m$由原型及模型实测材料确定
	比降比尺	λ_J	$\dfrac{\lambda_h}{\lambda_L}$	不一定严格遵守
水流比尺	流速比尺	λ_v	$\dfrac{1}{\lambda_n}\lambda_h^{2/3}\lambda_J^{1/2}$	λ_n:原型与模型糙率系数之比
	流量比尺	λ_Q	$\lambda_L \lambda_h \lambda_v$ $\dfrac{1}{\lambda_n}\lambda_L \lambda_h^{5/3}\lambda_J^{1/2}$	当λ_J满足时,由λ_J、λ_v表达式得到

续表

比尺类别	比尺名称	符号	比尺计算公式	公式符号意义及说明
输砂比尺	含砂量比尺	λ_s	$\dfrac{\lambda_k \cdot \lambda_v^3}{\lambda_h \cdot \lambda_\omega}$	λ_k:经验系数比值; λ_ω:泥砂沉降速度比值
			$\dfrac{\lambda_k \cdot \lambda_h \cdot \lambda_J^{3/2}}{\lambda_n^3 \cdot \lambda_\omega}$	换算式
	输砂率比尺	λ_q	$\lambda_Q \cdot \lambda_s$	输砂率 q 为流量 Q 与含砂量之积的比尺形式
			$\dfrac{\lambda_k \cdot \lambda_L \cdot \lambda_v^4}{\lambda_\omega}$	换算式
			$\dfrac{\lambda_k \cdot \lambda_L \cdot \lambda_h^{8/3} \cdot \lambda_J^2}{\lambda_\omega \cdot \lambda_n^4}$	换算式,λ_n:曼宁糙率系数比值
时间比尺	水流时间比尺	λ_{t_1}	$\dfrac{\lambda_L}{\lambda_v}$	水流速度 $v=\dfrac{d_x}{d_t}$ 的比尺形式
			$\dfrac{\lambda_L \cdot \lambda_v^4}{\lambda_h^{2/3} \cdot \lambda_J^{1/2}}$	换算式
	砂体演变过程时间比尺	λ_{t_2}	$\dfrac{\lambda_L^2 \cdot \lambda_h \cdot \lambda_{r_s}}{\lambda_Q \cdot \lambda_s}$	λ_{r_s} 模型与原型砂重率比值
			$\dfrac{\lambda_L^2 \cdot \lambda_h}{\lambda_Q \cdot \lambda_s}$	当 $\lambda_{r_s}=1$ 时

第2章 原型模型的建立

2.1 研究区概况及沉积背景

2.1.1 研究区概况

2.1.1.1 研究区位置

胜坨油田位于济阳坳陷东营凹陷北部的陈南—胜北区带内,是一个受近东西走向的陈南铲式正断层派生的分支断层——胜北断层控制所形成的逆牵引背斜构造油田。由12条主要断层分割成胜一区、胜二区和胜三区,进一步细分为11个含油区块。胜一区即坨庄构造,胜二区处于胜利村构造西南翼,胜三区为胜利村构造主体。胜二区是胜坨油田一个主要开发区,为一内部断层少、构造简单、具有一定边水能量的单斜构造油藏,是一个规模较大的整装大油田。北、东分别以二级断层7号、9号为界,西及西南以油水边界与胜一区相邻。

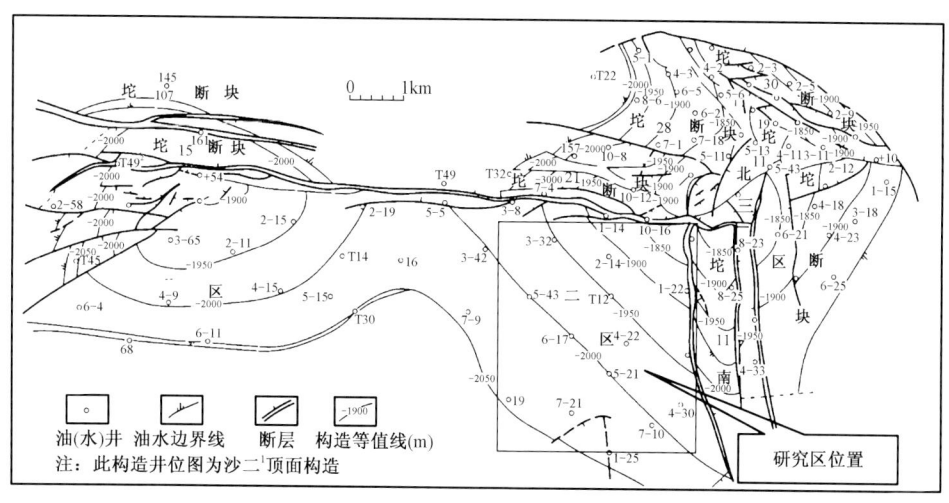

图2-1 胜坨油田构造井位简图

2.1.1.2 地层特征

胜坨油田古近—新近系自下而上发育有孔店组、沙河街组、东营组、馆陶组和明化镇组。其中沙河街组可分为沙一段、沙二段、沙三段和沙四段。其中沙二段下部岩性以绿色、灰色泥岩与砂岩、含砾砂岩互层,夹碳质泥岩,其上部见少量紫红色泥岩。沙二段上部岩性为灰绿色、紫红色泥岩与灰色砂岩互层,夹钙质砂岩、含鲕粒砂岩及含砾砂岩。沙二段为一套完整的河流—三角洲沉积,其中2、3砂层组为河流相沉积,4~7砂层组在二、三区主要为三角洲平原沉积,一区为三角洲前缘沉积;第8砂层组以下各区均为三角洲前缘沉积。本书研究的目的层段是沙二段 8 砂层组,8 砂层组又包括三个小层,即 8_1、8_2 和 8_3 小层。

2.1.1.3 构造特征

胜二区沙二段地层平缓、构造简单,地层倾角 2°~5°,地层为自北东向西南倾斜的鼻状构造,区内构造不发育。

2.1.2 研究区沉积及岩性特征

胜二区沙二段 8 砂层组为辫状河三角洲前缘沉积,沉积物源来自东北方向的青坨子凸起。渤海湾盆地济阳坳陷在古近—新近纪为半湿润半干旱气候。沙二段 8 砂层组可分为 3 个中期基准面旋回,每个旋回均为基准面下降的不对称半旋回,分别对应三个水体向上变浅的过程(图 2 – 2)。8 砂层组沉积初期是一个较深水体,且盆地基底沉降速度较快,所以 8 砂层组底部沉积了一套较厚且分布稳定的泥岩。其后,由于分流河道的快速向湖推进,三角洲前缘朵叶体向湖盆进积,形成一套三角洲前缘砂体。这一过程伴随着可容空间减小,水体逐渐变浅。下一旋回初期,构造发生突然沉降作用,水体突然加深,可容空间陡然增大,分流河口位置后退,上一旋回砂体顶部沉积一套湖泛泥岩。其后,分流河道又快速向湖盆推进,可容空间迅速减小,三角洲前缘朵叶体沉积于前期三角洲砂体之上,形成新的前积体。本区 8 砂层组的三个中期基准面旋回又可分别识别出 6 个、5 个和 6 个短期基准面旋回(表 2 – 1),每个短期基准面旋回形成一个单层(韵律层)。由基准面旋回对比剖面可知,每个单层按沉积时间先后,依次由北东向南西方向推进,后期的单层叠置在前一期沉积之上,每个单层在剖面上呈透镜状,在平面上砂层厚度变化较大,由北东向南西方向,砂体厚度由薄到厚再到薄,直至尖灭。同一小层内的各单层砂体由于前积作用,形成一系列向盆地方向斜列的叠合砂体。

表 2 – 1 沙二段 8 砂层组高分辨率层序地层划分与岩石地层对比关系表

地层					基准面旋回	
系	组	段	砂层组	小层	中期	短期
古近系	沙河街组	二段	8 砂层组	1	MC1	SC1—SC6
				2	MC2	SC7—SC11
				3	MC3	SC12—SC17

根据上述基准面旋回识别结果,将 8 砂层组划分为 3 个小层,各小层分别进一步细分为 6 个、5 个、6 个韵律层(表 2 – 2)。

表 2 – 2 沙二段 8 砂层组地层划分方案

砂层组	小层	韵律层个数	韵 律 层					
8	8_1	6	8_1^1	8_1^2	8_1^3	8_1^4	8_1^5	8_1^6
	8_2	5	8_2^1	8_2^2	8_2^3	8_2^4	8_2^5	
	8_3	6	8_3^1	8_3^2	8_3^3	8_3^4	8_3^5	8_3^6

根据 4 口代表性井的粒度分析资料,分析得出工区泥粉砂含量为 47.3%,细砂含量为 44.0%,中砂含量为 8.0%,粗巨砂含量为 0.7%。从砂岩矿物的成分看,岩石以长石砂岩、岩屑质长石砂岩和长石质岩屑砂岩为主,部分为岩屑砂岩。

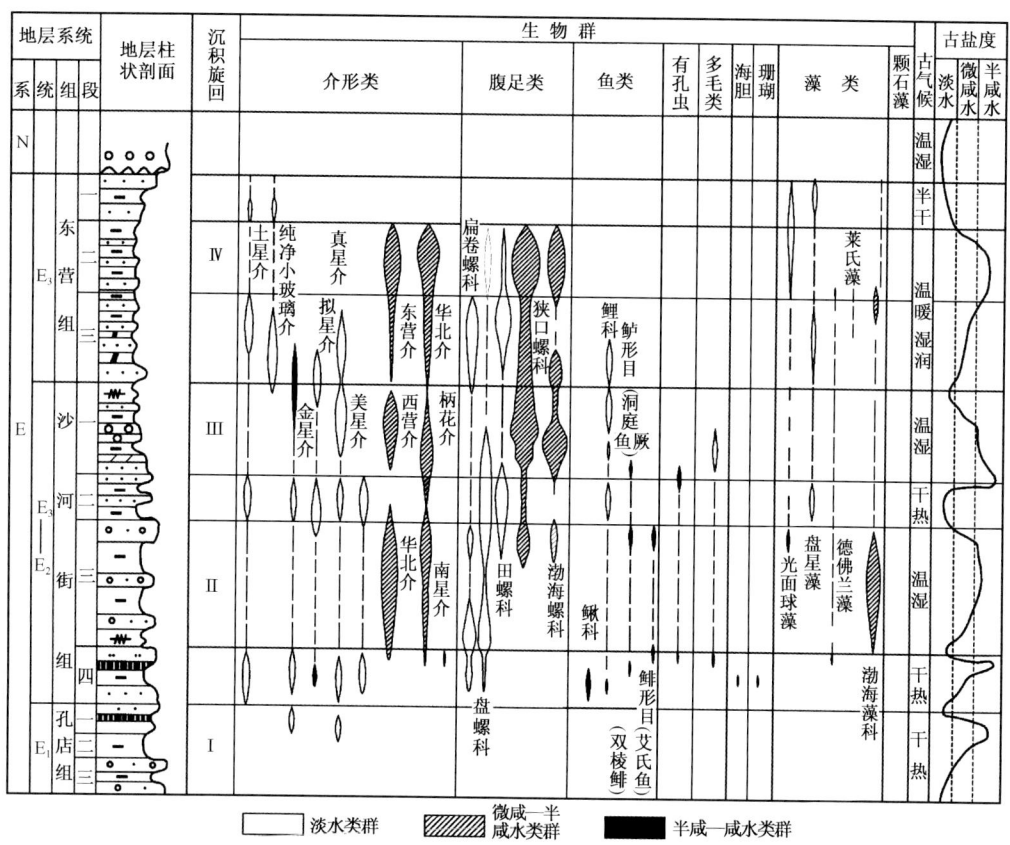

图 2-2 渤海湾盆地古近纪地层发育及生物分布图

2.2 实验设计及过程控制

本次实验分三期完成,每个实验沉积期均按中水期—洪水期—中水期—枯水期的顺序进行。实验过程中适时测量流速、流向、流量、含沙量、湖水深度等参数,每期实验结束时,测量砂体的生长形态。

2.2.1 底型设计

水槽长、宽和高分别为 16m、6m 和 1m,分别以 Y、X、Z 代表长、宽、高。根据工区大小,设计 X、Y 和 Z 三个方向的比例尺为 1:1000、1:1000 和 1:200,该物理模型为变率为 5 的变态模型。其中 $X = 2.85 \sim 3.15$m、$Y = 0 \sim 4.5$m 为固定直河道,用砖和水泥砌成,河道宽 30cm,深 30cm。$Y = 4.5 \sim 12$m 为湖盆沉积区域,其中 $4.5 \sim 6.5$m 湖岸呈喇叭状开口与水槽壁斜交。按原型资料,设计原始底形坡降:$0 \sim 4.5$m:15‰;$4.5 \sim 6.5$m:10‰;$6.5 \sim 12$m:5‰(图 2-3)。

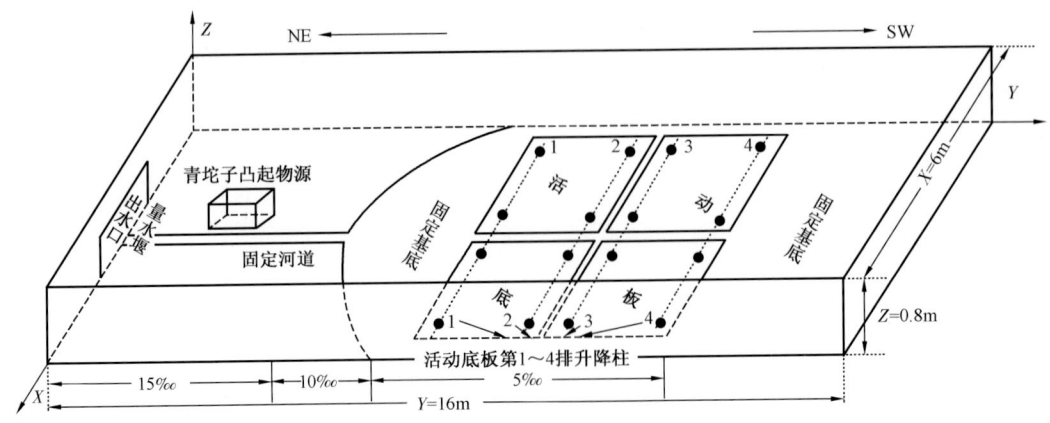

图 2-3 底型设计图

2.2.2 加砂组成

根据工区 4 口代表性的井的粒度分析资料,即泥粉砂含量为 47.3%,细砂含量为 44.0%,中砂含量为 8.0%,粗巨砂含量为 0.7% 的实际情况。设计中水期、洪水期、枯水期的具体加砂情况见表 2-3,其中具体流量和加砂量会有小幅变化。为呈现三角洲沉积粒度反旋回的规律,实验过程中总体上的加砂顺序为细粉砂、中砂、中粗砂。

表 2-3 三角洲沉积模拟实验参数表

时期	来水特征	流量(L/s)	加砂量(g/s)	加砂组成(%)				通水时间(h)
				粗砂	中砂	细砂	泥	
第一期	洪水	0.9	4	2	18	40	40	15
	中水	0.45	2	1	9	45	45	50
	枯水	0.15	0.6	0	0	50	50	37
第二期	洪水	0.9	4	2	18	40	40	12
	中水	0.45	2	1	9	45	45	37
	枯水	0.15	0.6	0	0	50	50	25
第三期	洪水	1.2	6	2	18	40	40	25
	中水	0.6	3	1	9	45	45	76
	枯水	0.2	1	0	0	50	50	51

2.2.3 实验时间控制

实验过程的时间比例为洪水:中水:枯水 = 1:3:2。在洪水、中水、枯水水量转换过程中,流量不许出现大幅度跳跃,应按小台阶逐步增大或减小到所要求的流量。

2.2.4 实验流量控制

根据自然界河流洪水、中水、枯水的流量比例,设计洪水、中水、枯水的流量比例为

6∶3∶1,洪水期流量为1.2L/s,中水期流量为0.6L/s,枯水期流量为0.2L/s。

2.2.5 实验过程中水位的控制

实验开始时水位控制:因为主要的沉积砂体都是在水下形成的,所以实验开始时,水位升至淹没 $Y=4.5m$ 处。

第一、二、三沉积期出水口的控制湖水位分别为10cm、9cm、8cm,总体上是一个湖退沉积过程。实验过程中以实际情况适当调整。

2.2.6 加砂量和含砂量控制

实验过程中,按不同时期各自洪水、中水、枯水的粒度组成加砂,加砂量与流量比例匹配,设计为6∶3∶1,实验中视具体情况和易于操作,可适当调整。

2.2.7 活动底板控制

结合研究区目的层段各沉积期地形、地貌特点及沉积物厚度分布,根据实验条件分三轮调节活动底板以保证形成沉积坳陷,见图2-3与表2-4。

表2-4 活动底板运动状况　　　　　　　(单位:cm)

轮次	第一排	第二排	第三排	第四排
第一轮	0.5	0.7	1	1
第二轮	2	3	3.5	4
第三轮	4	5.5	5.5	5.5
累计	6.5	9.2	10	10.5

第3章 三角洲沉积模拟实验

3.1 实验过程描述

本实验分为三个沉积期,即第一沉积期、第二沉积期和第三沉积期,分别模拟胜二区沙二段8砂层组8_3、8_2和8_1小层。2012年2月20日至3月4日为第一沉积期(8_3期),13天;2012年3月8日至20日为第二沉积期(8_2期),13天;2012年3月24日至4月11日为第三沉积期(8_1期),19天。每个实验沉积期河流流态均按照中水期、洪水期、中水期、枯水期四个过程交替进行,洪水、中水和枯水用时比为1:3:2,流量比为6:3:1。通过向湖盆加水、放水或活动底板升降控制湖水位,每个沉积期湖水位都会控制湖水位的小幅上升与下降,模拟湖侵湖退,而总体上是一个湖退沉积过程。实验全程适时测量流量和湖水位,并对三角洲沉积过程、砂体展布和演化、典型沉积现象以拍照、录像及手绘等方式进行记录。河流流量采用三角堰进行控制和计算,计算公式为:

$$Q = 1.4 \times H^{2.5}$$

式中 Q——流量,m^3/h;

H——流量计水位,m。

沉积水深通过某一点的绝对湖水位水深、底形厚度及坡度和活动底板沉降量之间的关系进行换算,绝对湖水位减去底形厚度,再加上活动底板沉降量便得到实际沉积水体深度,只有实际沉积水深才有意义。测量绝对湖水位深度的位置选择在$X=6m$、$Y=12.5m$处,此处位于非活动地板沉降区,可精确地测量湖水位变化。整个实验长达53天共耗时387h,拍摄沉积过程照片8514张,摄像146min,影像资料达24.2GB,共记录沉积过程及三角洲演变素描图4册共210页(表3-1)。为了方便实验过程描述,以天为单位进行。

表3-1 胜二区沙二段8砂层组模拟实验沉积过程完成工作量

工 作 内 容	完 成 情 况
河口坝统计数据	1078个
分流河道统计数据	1560个
流量流速加砂统计数据	550个
砂体厚度数据	2400多个
砂体加密测量	18条
水槽实验照片	8514张
水槽实验录像	24.2GB

3.1.1 第一沉积期

整个第一期用时 14 天,约 97 小时,绝对湖水位变化范围为 9.2~13.2cm,实际沉积水深范围为 2.5~11.3cm。整体上湖水位逐渐降低,模拟湖退过程。

第一沉积日实验开始时,绝对湖水位 $H_{湖}=12$cm,流量计 $H_Q=8$cm,流水沿坡度较陡的固定河道携沙入湖,此时河口坝沉积水体最浅,沙与水的混合物与地形摩擦,导致流速降低,水流发散,发生以摩擦力起主导作用的河口沉积作用。实验开始 3min 内形成长 1.2m、宽 0.8m 的薄层河口坝砂体(图 3-1a)。河口坝继续扩大,河流逐渐集中,以纵向发育为主。水流由于延伸距离较远,纵向水流开始失去坡度优势,河流改道,70% 流量集中右侧,形成新的河口坝。在 43min 时大部分水流偏向左侧入湖形成河口坝,河口坝突出湖岸 35cm 时河流入湖端缓慢向右摆动,河口坝宽度增加,同时也向前缓慢增长,待河口坝前段呈钝舌形,此河口坝发育结束。在 50~60min 时间段内水流漫过所有三角洲沉积砂体,无流水较为集中的河道,因此砂体各方向均发育,但以前方为主。之后流水经过调整汇聚成较为集中的河流向右入湖,先在右前方形成较小规模河口坝后,河流小幅向左摆动至正前方,在 43min 内河口坝前段尖朵体凸出之前湖岸线达 50cm,向前推进速率达 1.16cm/min,河口坝小幅横向增长,河流向右摆动形成一个小河口坝后,河流再往右摆动形成一系列河口坝复合体。290min 开始,河流开始转向左侧,形成一小规模河口坝后河流开始向右前方摆动,直至摆动到正前方,形成一环状的河口坝复合体(图 3-1b),在 385min 时河流在右前方入湖并向左摆动,形成单方向小幅摆动的河口坝。第一沉积日结束时三角洲纵向延伸至 $Y_{max}=7.2$m,两侧介于 $X_{max}=1.5~4.8$m。第二沉积日前 20min 为中水,河流沿袭前日河道继续发育。20min 开始洪水,流量 $H_Q=9$cm,大流量河流搬运能力强,三角洲纵向横向上延伸较快。洪水很快流向正前方,在 $X=2.4~3.2$m,$Y=7~7.5$m 处发育舌形河口坝,很快凸出湖岸向前延伸 50cm,在河口坝无明显横向延伸时,流流改道向左入湖,并缓慢向右摆动形成河口坝复合体(图 3-1c)。在 110min 时流量从 9cm 降至 8cm,三角洲纵向延伸至 $Y_{max}=8$m,两侧介于 $X_{max}=1.1~5.1$m。在 260~360min 湖水位由 $H_{湖}=11.8$cm 降至 $H_{湖}=11.6$cm,洪水结束至第二沉积日结束前,在 $X=2.4~3.2$m,$Y=7.2~7.9$m,$X=3.5~4.6$m,$Y=6.2~8$m 范围内形成一系列河口坝复合体。第三沉积日 $H_Q=8$cm,湖水位经历了两次降低,在 40~140min 时间范围内,绝对湖水位 $H_{湖}=11.7$cm 降至 $H_{湖}=11.3$cm;在 220~360min 内,$H_{湖}=11.3$cm 降至 $H_{湖}=10.6$cm。河流在沉积开始至 60min 内有两支同时发育,左支沿袭前日右前方废弃河道,右支在右前方 45°入湖,60~100min 流水全部集中右支流,在 $X=1.6~2.4$m,$Y=7.2~7.8$m 形成河口坝。之后河流转向左侧作短暂停留后在 150min 时改道流向正前方,在 270~390min 内河流集中右侧,在 $X=1.8~2.7$m,$Y=7.6~8.1$m,$X=3.1~3.7$m,$Y=7.8~8.3$m 两处形成两河口坝(图 3-1d)。第四沉积日 $H_Q=8$cm,沉积开始 $H_{湖}=10.5$cm,在 40min 开始降水位,至 100min 降至 $H_{湖}=10.4$cm。河流在前 120min 在三角洲正前方入湖,之后向左小幅摆动沉积 60min,在 $X=2~4.2$m、$Y=8.4~9.4$m 区域内形成由两个较大规模组成的河口坝复合体。300~390min 范围内河流集中于左侧,在 $X=4.5~5.7$m、$Y=6.5~8.4$m 区域内形成多个河口坝组成的环状河口坝复合体(图 3-1e)。第 5 沉积日在 60~130min 时间范围内流量为 $H_Q=8.8$cm,300~390min 为枯水,$H_Q=7.2$cm 其余时间段 $H_Q=$

8cm。河流在前130min内在三角洲左前方入湖,形成三个较小规模的河口坝复合体,随后改道流向右前方形成三个河口复合体(图3-1f)。在第6沉积日降活动底板,第一至四排活动底板的沉降量分别为1cm、1.5cm、1.5cm、1.5cm,由于活动底板的降低,湖盆绝对湖水位由10.1cm降至9.1cm,整个沉积日流量维持在$H_Q=8cm$。虽然绝对湖水位下降,但由于三角洲砂体也跟着下沉,沉积水深却相对上升,退积现象明显。由于三角洲河流分流河道众多,以及枯水小流量的影响,发育河口坝规模也较小(图3-1g)。第7沉积日沉积开始至120min为洪水,流量$H_Q=7.2cm$,$H_{湖}=9cm$,洪水在正前方$X=1.7\sim3.2m$、$Y=9.7\sim10.5m$区域内及右前方形成三个大型河口坝。120~400min为中水,水流在三角洲平原上沿袭洪水期众多的废弃河道分散流动,发育较多的小型河口坝,河流最终汇聚成较为固定的河道从前方偏左入湖(图3-1h)。第8沉积日降活动底板量分别为1cm、1.5cm、1.5cm、2.5cm。湖水位由$H_{湖}=9.7cm$上升至$H_{湖}=10.5cm$,此沉积日开始至210min流量$H_Q=8.0cm$,210~350min流量增加至$H_Q=8.9cm$,流量为8cm时间内由于加砂量较充足,河流规模较小,加之湖盆构造降低引起的湖水位相对上升,一系列规模小且厚度薄的河口坝叠置于早期河口坝之上。210~350min时间范围内在$X=2.7\sim3.8m$、$Y=9.4\sim10.2m$区域内发育有较大规模的河口坝(图3-1i)。第9沉积日前150min内$H_{湖}=10.4cm$,流量$H_Q=8.0cm$,150~420min时间内$H_{湖}=11cm$,流量小幅加大至$H_Q=8.5cm$。河流在前240min集中于三角洲左侧,形成一系列小规模薄层河口坝,之后河流改道进入三角洲右侧,在区域$X=1.0\sim2.2m$、$Y=8.6\sim9.6m$内形成一个河口坝小幅左右摆动形成的河口坝复合体(图3-1i)。第10沉积日以中水$H_Q=8.0cm$沉积时长100min,在三角洲左侧形成两个较小河口坝。随后对四排活动底板均降0.5cm,三角洲砂体沉降较为明显。沉降的直接影响是三角洲平原坡度的增加,河流向正前方。在190~250min时间段内,区域$X=2.2\sim3.4m$、$Y=9.2\sim10m$发育较大规模的河口坝。湖水位在240~360min从$H_{湖}=10.4cm$降至$H_{湖}=10.2cm$,河流在250min时开始向左小幅摆动并下切,在$X=3.1\sim3.7m$、$Y=9.5\sim10m$区域内形成一个很标准的河口坝(图3-1j)。第11沉积日流量在前150min内$H_Q=7.4cm$,150~420min范围内$H_Q=8cm$,整个沉积日湖水位维持在$H_{湖}=10.4cm$。河流刚开始沿袭正前方偏左河道入湖,之后转入三角洲平原右侧,形成一系列小型河口坝后摆动至三角洲右前方入湖,在$X=1.1\sim2.2m$、$Y=8.5\sim9.8m$处发育河口坝(图3-1j)。第12沉积日前20min为中水,20~80min加大流量至$H_Q=10.5cm$,80~140min时间段$H_Q=11.3cm$,140~280min流量降至$H_Q=10.5cm$。河流在三角洲平原左侧及正前方发育一系列小规模河口坝复合体(图3-1k)。第13沉积日流量维持在$H_Q=8cm$,湖水位$H_{湖}=10.4cm$,并降低活动底板,第一至四排沉降量分别为1cm、1.5cm、1.5cm和1.5cm。活动底板导致河流下切三角洲平原砂体,Y方向小于7m范围内河道固定,无分流河道出现。河流在三角洲各方向形成系列小河口坝,其中左前方和右前方发育两个较大河口坝(图3-1k)。第14、15沉积日$H_Q=8cm$,湖水位$H_{湖}=10.5cm$,由于分流小河道数量多,发育众多小河口坝,仅在三角洲左侧、前方、右前方发育有较大规模河口坝(图3-1l)。至此,第一沉积期结束,三角洲在纵方向推进至$Y_{max}=10.5m$。根据每一个沉积日三角洲推进范围,绘制湖岸线推进示意图,由于第一沉积期湖盆水体升降频繁,湖岸线交错较多(图3-2)。

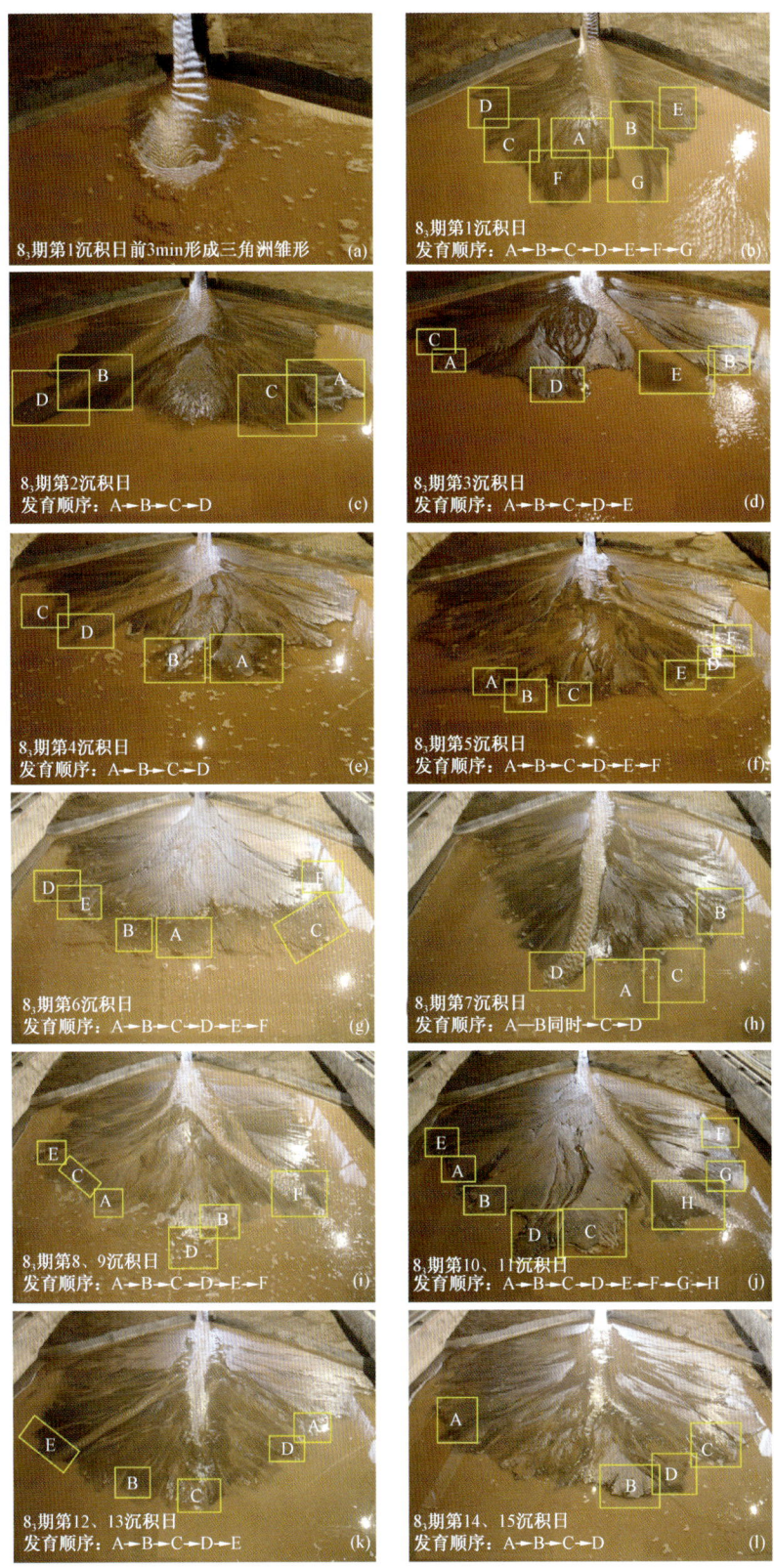

图3-1 第一沉积期实验照片

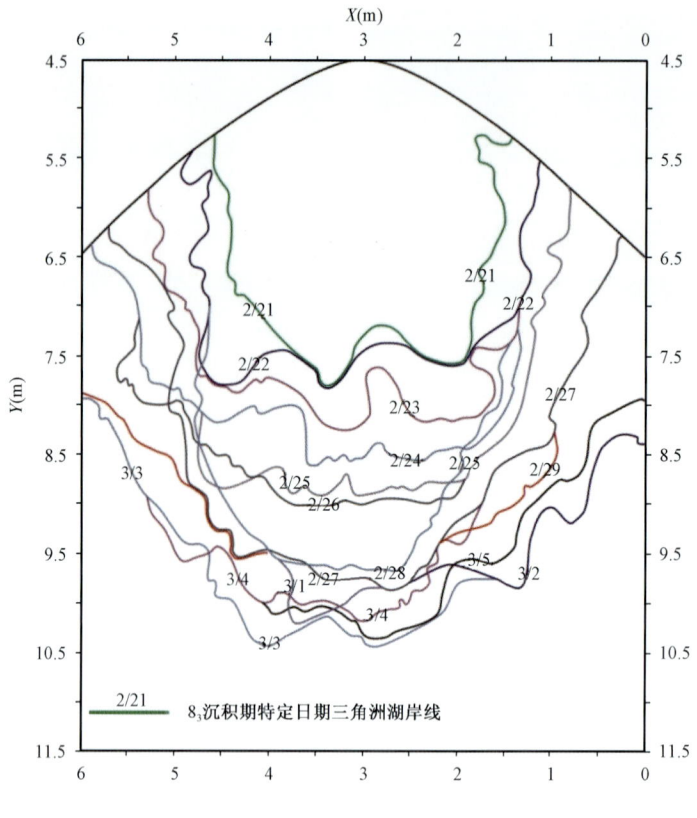

图 3-2　第一沉积期三角洲推进示意图

3.1.2　第二沉积期

第二沉积期的基底为第一期三角洲沉积砂体,但在第一期砂体顶部沉积约 0.3cm 厚的泥质沉积层,作为胜坨油田沙二段 8_2 期与 8_3 期之间的泥质夹层(图 3-3a)。8_2 期沉积厚度最小,沉积用时 13 天,共 74 小时。沉积过程中湖盆水体升降次数较少,整体呈退积,8_2 砂体将覆盖第一期并延伸至 $Y=11m$。

8_2 期沉积之前抬升湖水位淹没所有 8_3 期沉积砂体,8_2 期第 1 沉积日绝对湖水位 $H_{湖}=15cm$,流量 $H_Q=8cm$。沉积开始至 20min 内,河流携沙入湖形成一个扇形三角洲(图 3-3b),延伸范围为 $X=1.3\sim4.7m$、$Y_{max}=7.3m$。$20\sim150min$ 期间河流在 $X=2.1\sim3.7m$、$Y=7.3\sim8.2m$ 范围形成一个以较大尺寸河口坝为主的河口坝复合体,随后河流摆动至三角洲平原右前方入湖。在 210min 时河流改道进入三角洲左前方,形成一个河口单方向摆动的舌型河口坝。$210\sim300min$ 时间段内河流在三角洲平原左侧形成一系列河口坝叠置体,$300\sim370min$ 时间段内河流改道进入三角洲右侧(图 3-3b)。第 2 沉积日 $H_{湖}=14.7cm$,流量 $H_Q=8cm$,放水开始至 130min,河流在三角洲右侧靠近湖盆边缘处入湖形成一系列河口坝复合体。$130\sim210min$ 时间段内河流流向左前方,形成两个小型河口坝,随后河流改道在三角洲左侧靠湖盆边缘入湖。$310\sim400min$ 河流转向三角洲右侧,在 $X=1.4\sim2.6m$、$Y=6.8\sim8.2m$ 区域内形成河口坝复合体(图 3-3c)。第 3 沉积日 $H_{湖}=14.1cm$,流量在前 90min 维持在 $H_Q=8cm$,$90\sim230min$ 时间内 $H_Q=10.5cm$,$230\sim270min$ 继续加大流量至 $H_Q=$

11.4cm。270~390min 流量下降至 $H_Q=8$cm。在放水初期的中水期,河流沿袭前一日形成的河道在三角洲平原右前方入湖,在入湖端形成河口坝复合体。在洪水期河流在左前方入湖,在区域 $X=2.8~4.1$m、$Y=7.4~9.5$m 形成一个较大河口坝,随后河流向右小幅摆动形成的河口坝叠置在其左侧河口坝之上,属于单河道摆动形成的河口坝叠置体。290~360min 河流改道进入三角洲右前方(图 3-3d)。第 4 沉积日降活动底板,第一至四排沉降量分别为 1cm、1.5cm、1.5cm 和 1.5cm。活动底板沉降导致湖盆绝对湖水位下降和三角洲沉积物的下沉,绝对湖水位下降和三角洲沉积物下沉两者影响的结果是湖侵,新发育的河口坝覆于前期河口坝之上。整个沉积日流量维持在 $H_Q=8$cm,湖水位 $H_{湖}=13.8$cm。活动底板沉降引起的坡度增加,导致河流往往直接流向三角洲平原正前方,所以,放水开始至 200min 河流都流向正前方。其中前 90min 河流在三角洲入湖处较分散入湖,形成钝圆朵体;90~200min 时间段内,河流切割朵体形成坝上河,从右前方入湖,发育中型河口坝。之后河流呈细小河流呈分散状流动,经过一段时间的调整,280min 开始流水集中于左前方及右前方两支河流,发育两条河流同时不同地点入湖的河口坝(图 3-3e)。第 5 沉积日前 350min 内 $H_Q=8$cm,350~400min 流量增加至 $H_Q=9.3$cm。湖水位在前 240min 维持在 $H_{湖}=13.8$cm,在 240~360min 时间内湖水位缓慢下降至 $H_{湖}=13.5$cm,之后保持不变。河流在前 250min 集中于三角洲右侧及右前方形成一系列河口摆动形成的河口坝,之后河流改道进入三角洲左前方,河口坝发育规律类似(图 3-3f)。第 6 沉积日湖水位从 80min 的 $H_{湖}=13.5$cm 降至 150min 的 $H_{湖}=13.5$cm,然后保持不变。流量在前 300min 内维持在 $H_Q=8$cm,随后升至 $H_Q=9.2$cm 到这一沉积日结束。放水开始后河流沿袭前一日河道向三角洲左前方入湖,70min 时河流改道从三角洲正前方偏左入湖,85min 时河流入湖端改道在正前方偏右入湖,160min 改道进入三角洲右前方沉积。河道在三角洲平原上流向为正前方,只在入湖端弯曲进入右前方,沉积一段时间后河流在弯曲度最大处分流进入正前方,三角洲前方河流依然发育,两河流流量各一半,发育同时期沉积的河口坝(图 3-3f)。第 7 沉积日流量稳定在 $H_Q=8$cm,湖水位在 200min 时从 $H_{湖}=13.7$cm 开始缓慢下降,在 320min 降至 $H_{湖}=13.4$cm。河流先后在左前方、右侧右前方入湖,由于湖盆水体的下降,河流在三角洲边缘入湖端切割砂体,并以这些剥蚀的砂体作为新生成河口坝物质来源的一部分(图 3-3g)。第 8 沉积日在 $H_{湖}=13.4$cm 的条件下,中水持续至 190min 后增加流量至 $H_Q=11.2$cm,在 310min 流量降至 $H_Q=10.5$cm,340min 降至 $H_Q=8$cm。在 300min 时降低活动底板,降幅分别为 0.5cm、1cm、1cm、1cm。在中水期,河流在三角洲左前方入湖,进入洪水期,数量众多的分流河道在三角洲边缘多处入湖,但主要集中在左前方。洪水期过后由于湖水位的上升,淹没了先前发育的河口坝,河流经过调整后在三角洲右前方入湖,形成的河口坝覆于早期河口坝之上(图 3-3g)。第 9 沉积日流量稳定在 $H_Q=8$cm,湖水位自 30min 时刻的 $H_{湖}=13.4$cm 下降至 260min 的 11.2cm,下降幅度较大,溯源侵蚀现象明显,河流主要集中于三角洲右前方入湖(图 3-3h)。第 10 沉积日湖水位和流量与第 9 日相似,河流也集中在三角洲平原右前方入湖,河流在入湖端小幅摆动形成河口坝复合体(图 3-3h)。

利用实验过程描述及照片资料,绘制第二期三角洲推进示意(图 3-4)。第二沉积期结束后同样沉泥厚度 0.3cm 作为 8_2 与 8_1 期泥质夹层(图 3-3j)。

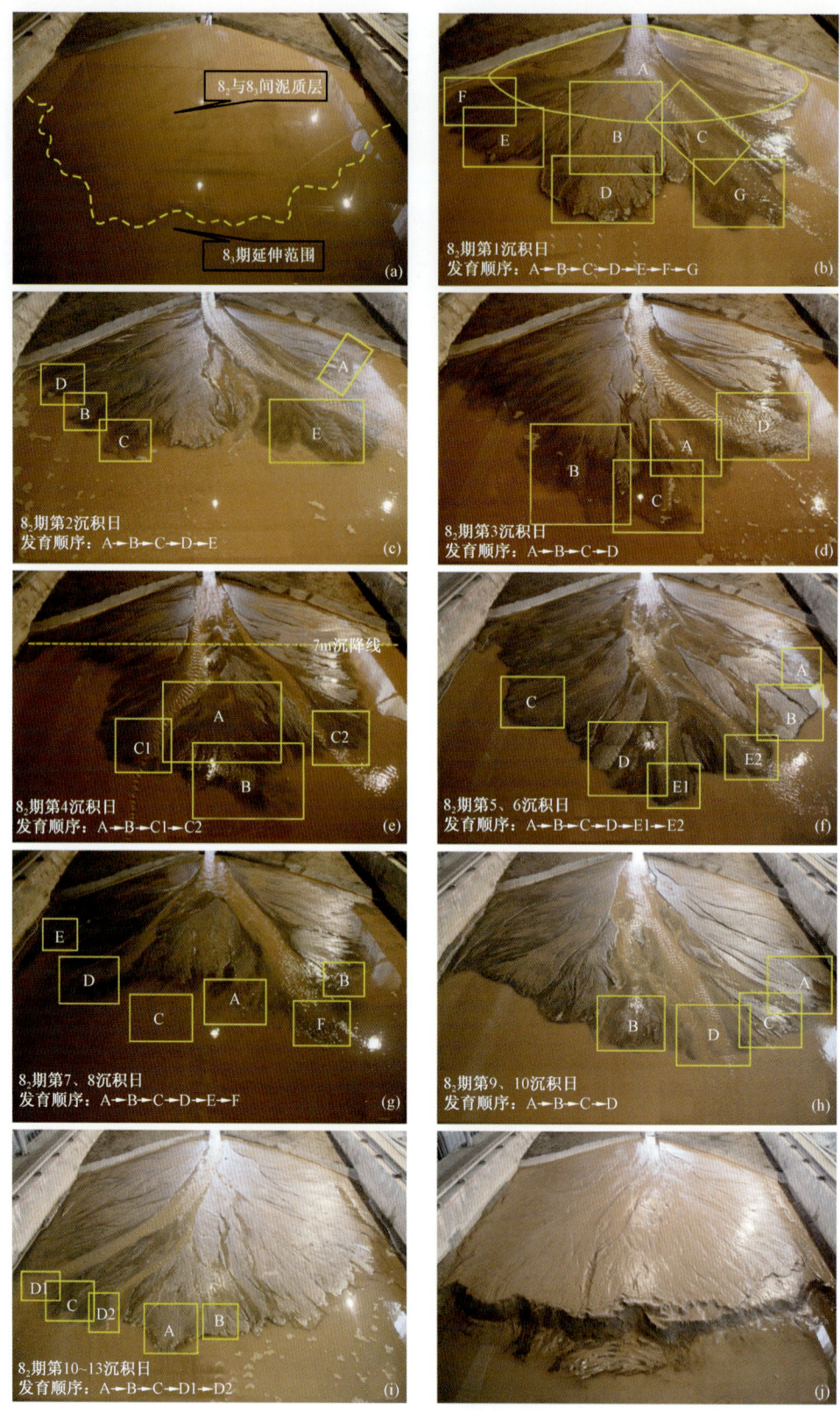

图 3-3 第二沉积期实验照片

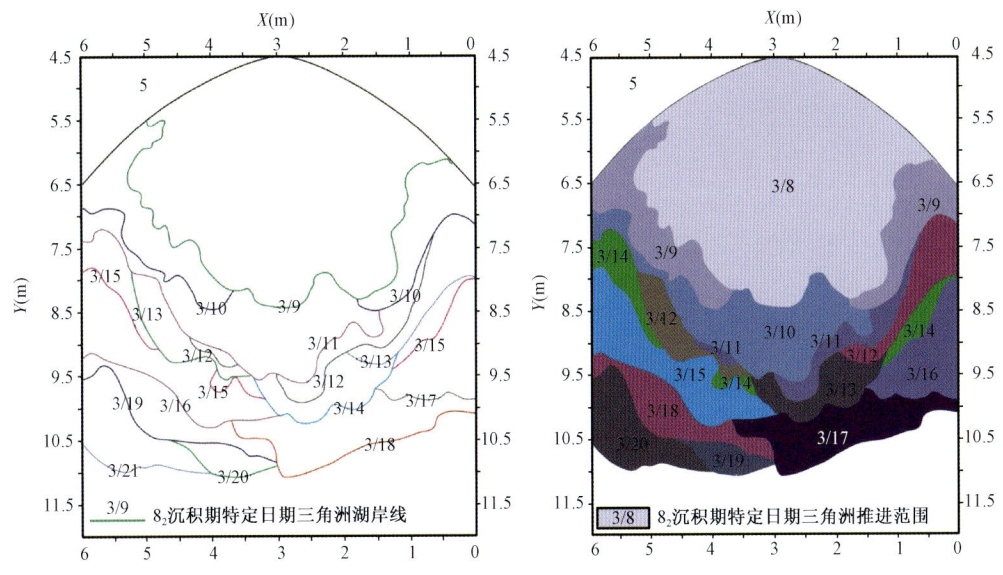

图 3-4 第二沉积期三角洲退积示意图

3.1.3 第三沉积期

第三沉积期沉积厚度介于第一期和第二期之间,沉积厚度主要由沉积水深和构造沉降控制,沉积水深主要影响单期砂体的厚度,而构造沉降则会造成砂体的多期垂向叠加,从而最终增加厚度。第三期沉积将会完全覆盖第二期沉积并向前延伸至 $Y=11.5$ m。

8_1 期第 1 沉积日开始沉积之前降低活动底板,降幅分别为 1.5cm、1.5cm、1.5cm、1.5cm。湖盆绝对湖水位 $H_{湖}=19.2$ cm,$H_Q=8$ cm,放水开始前 50min 发育一个扇形三角洲,在 150~240min 和 310~260min 两个时间段内,在三角洲前端 $X=1.8$~4.2m、$Y=7.2$~8.4m 形成两个规模较大河口坝,三角洲两侧分布河口坝规模则相对较小(图 3-5a)。第 2 沉积日流量由开始放水时的 $H_Q=9.2$ cm 维持到 300min,然后增加至 $H_Q=10.3$ cm 直至沉积日结束。河流刚开始从三角洲左侧入湖形成一小河口坝后在 90~130min 转入正前方入湖形成一个大尺寸河口坝。140~390min 在三角洲左前方、右前方形成河口坝复合体,其中左前方出现坝上河现象(图 3-5b)。第 3 沉积日流量控制在 $H_Q=9.2$ cm,湖水位 $H_{湖}=18.8$ cm。在前 50min 内河流集中于三角洲左侧靠近湖盆,50~110min 时间段内河流集中于右前方发育河口坝复合体,接下来 50min 河流在区域 $X=1.8$~3m、$Y=8$~9m 内形成一个较大河口坝,220~330min 内河流分散,同时发育三条河流,即发育同时期河口坝(图 3-5c)。第 4 沉积日降低活动底板,四排活动底板沉降幅度均为 2cm,湖水位 $H_{湖}=18.8$ cm,中水流量读数为 $H_Q=9.3$ cm。由于活动底板沉降幅度较大,在 $Y=7$ m 处有一条明显的沉降线,三角洲平原坡度增加,河流流向为三角洲正前方,先后在三角洲正前方、正前方偏左和正前方偏右发育 3 个平面规模大,但厚度较小的河口坝(图 3-5d)。第 5 沉积

日流量保持在 $H_Q=8cm$,湖水位在 70min 时刻开始由 $H_{湖}=18.8cm$ 降低至 370min 时的 18.1cm,较大的降低幅度导致溯源侵蚀现象明显。河流流水分散形成若干较小规模河口坝后,于 140min 时集中流向右侧,并逐渐单向较快摆动至右前方,形成多个河口坝组成的环形河口坝复合体。在 360min 左右河流分流,左支河流在弯曲处切开砂体流向正前方(图 3-5e)。第 6 沉积日湖水位 $H_{湖}=18cm$,中水流量 $H_Q=8cm$,河流沿袭前一日在三角洲边缘端"人"字形的两条分流河道流动,发育同时期的两个河口坝,在 340min 时刻河流切割开"人"字形中间的早期河口坝砂体径直入湖(图 3-5e)。第 7 沉积日湖水位 $H_{湖}=17.9cm$,中水流量 $H_Q=8.5cm$,河流沿袭前日河道入湖沉积 50min 后分流,分流为左右两支,左支较大,经 25min 调整后,两支流水集中左支河流流向左前方,入湖后缓慢向右摆动,形成一系列河口坝复合体(图 3-5e)。第 8 沉积日湖水位 $H_{湖}=17.6cm$,中水流量 $H_Q=8.8cm$,前 210min 河流集中在三角洲左前方入湖,在区域 $X=3.9\sim5.6m$、$Y=7.3\sim8.9m$ 范围内形成河口坝复合体。随后河流改道在三角洲正前方入湖,并向右缓慢摆动(图 3-5f)。第 9 沉积日湖水位 $H_{湖}=17.7cm$,中水流量 $H_Q=8cm$,在前 90min 内河流呈分散状在三角洲平原上流动,仅形成非常小的河口坝,随后水流逐渐集中,在 150min 以后流水全部集中于三角洲右前方,在区域 $X=1.5\sim2.2m$、$Y=9.5\sim10m$ 内发育河口坝(图 3-5f)。第 10 沉积日降低活动底板,降幅分别为 1cm、0.5cm、0.5cm、0.5cm,湖水位 $H_{湖}=16.3cm$,流量在 60min 左右由 $H_Q=8cm$ 逐渐上升至 $H_Q=8cm$,在前 210min 河流由分散状到聚集于三角洲右侧,随后河流分流,左支在三角洲正前方偏左,且流量逐渐加大直至全部水流汇聚于此,河口左右摆动,在 $X=3\sim4.5m$、$Y=9.5\sim10.2m$ 范围内形成规模较大的河口坝复合体(图 3-5f)。第 11 沉积日湖水位 $H_{湖}=16.1cm$,中水流量 $H_Q=9.2cm$,在 90min 河流由分散状汇聚为两支河流,右支流量大于左支,但右支逐渐集中全部水流在三角洲右前方入湖,在 160min 时河流改道进入三角洲左侧形成舌形河口坝后,河流从河口坝上流过形成坝上河,继续发育河口坝(图 3-5g)。第 12 沉积日湖水位 $H_{湖}=17.3cm$,在 30min 左右流量由 $H_Q=9.2cm$ 增加至 $H_Q=10.2cm$,在 150min 再次增加至 $H_Q=10.9cm$。活动底板在 100min 时刻降低幅度为 1.0cm、0、0、0,河流在 200min 前主要分布在三角洲平原左侧和右侧,随后水量全部集中于右侧,在 $X=0.4\sim1.5m$、$Y=9.2\sim9.8m$ 发育以较大河口坝(图 3-5g)。第 13 沉积日中水流量 $H_Q=8.5cm$,湖水位在 140~380min 时间段内由 $H_{湖}=17.3cm$ 缓慢下降至 $H_{湖}=16.3cm$,致使三角洲砂体长时间裸露,河流主要集中于三角洲右侧 $X=0.5\sim2.7m$、$Y=9.5\sim10.5m$ 范围内发育河口坝复合体(图 3-5g)。第 14 和 15 沉积日中水流量 $H_Q=9cm$,湖水位在 110~430min 内由 $H_{湖}=15.8cm$ 缓慢降至 $H_{湖}=15.5cm$。河流在三角洲正前方入湖并向左缓慢摆动,在 $X=1.5\sim4.6m$、$Y=10\sim10.5m$ 范围内发育河口叠置体(图 3-5h)。第 16 沉积日降低活动底板,降幅分别为 1.5cm、2cm、2cm、2cm,湖水位 $H_{湖}=14.8cm$,流量在 440min 时由 $H_Q=8cm$ 上升至 $H_Q=9.2cm$。多数情况下河流呈分散状在三角洲平原各方向上均匀分布,偶尔流水较为汇聚,河口坝发育规模较小,由于活动底板降低引起的湖盆退积,所发育的河口坝厚度较小(图 3-5i)。第 17 和 18 两个沉积日湖水位均在 $H_{湖}=16.9cm$,流量都稳定在 $H_Q=9.2cm$,第 17 沉积日河流分散,发育小规

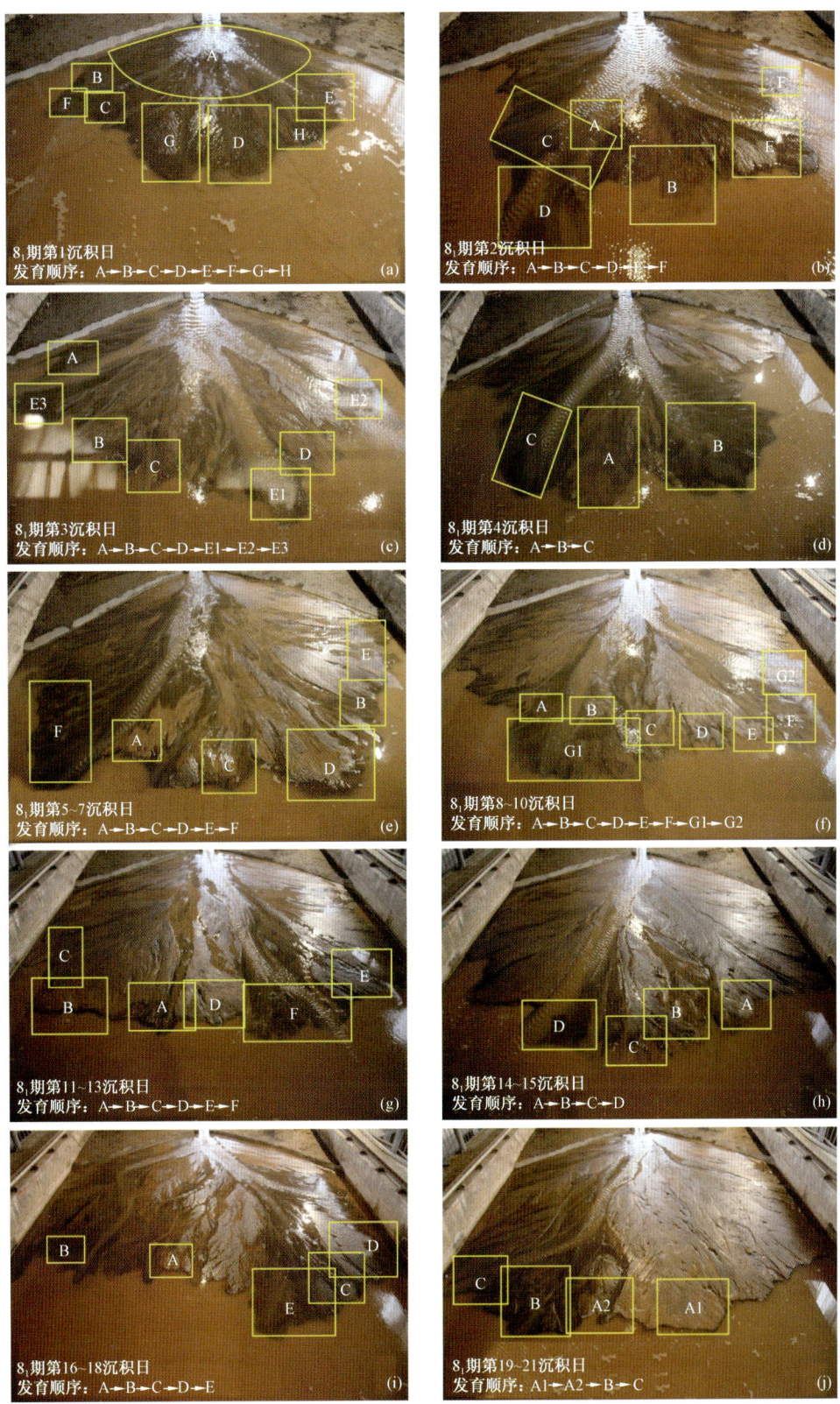

图 3-5 第三沉积期照片

模河口坝,第18沉积日河流集中于三角洲右侧 $X=0.5\sim2.6\text{m}$、$Y=9.7\sim10.3\text{m}$ 区域内,发育河口坝复合体(图3-5i)。第19沉积日湖水位 $H_{湖}=16.9\text{cm}$,流量 $H_Q=8.2\text{cm}$,河流由分散状态转为呈"人"字形的两支分流河道,分别在三角洲左前方和右前方入湖(图3-5j)。第20沉积日流量 $H_Q=9.2\text{cm}$,湖水位由 $90\text{min} H_{湖}=17.5\text{cm}$ 缓慢下降到 380min 的 $H_{湖}=16.5\text{cm}$。河流沿袭前日分流河道的左支入湖,并逐渐集中全部流量,在 $X=3.4\sim5.6\text{m}$、$Y=10\sim11.3\text{m}$ 区域内发育河口坝复合体(图3-5j)。第19沉积日湖水位 $H_{湖}=16.5\text{cm}$,流量 $H_Q=8.2\text{cm}$。河流沿袭前日河道流动,在三角洲边缘端摆动,形成河口坝叠置于早期河口坝之上(图3-5j)。

同样,利用实验过程描述及照片资料,绘制第三期三角洲推进示意图(图3-6)。

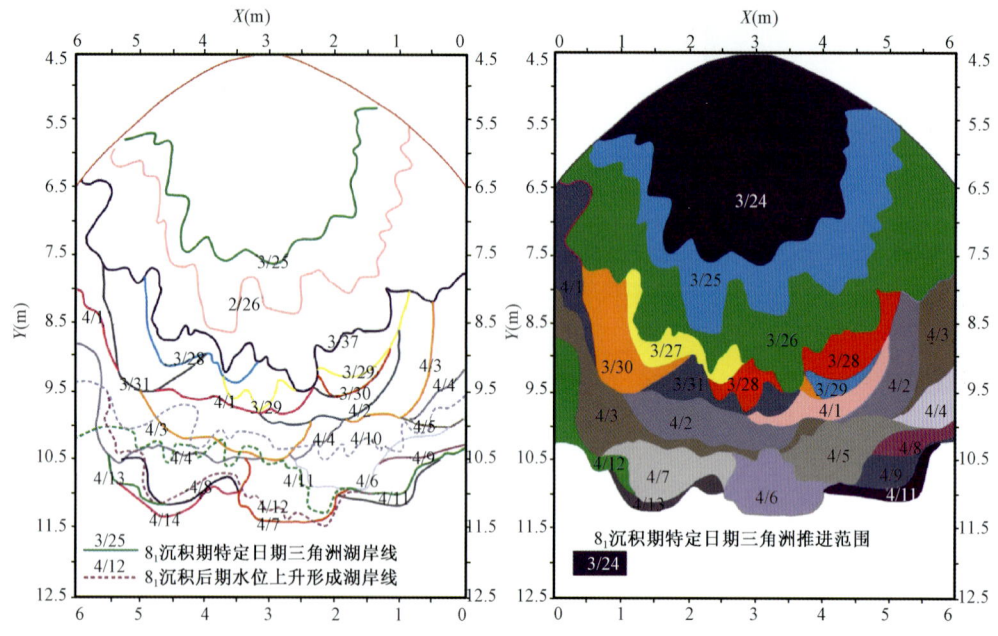

图3-6 第三沉积期三角洲推进示意图

3.2 切片方案设计与实施

切片过程始于2012年4月23日,止于2012年5月5日,历时12天(具体切片顺序及时间安排见图3-7及表3-2)。切片采用 $25\text{cm}\times25\text{cm}$ 网格进行。为了使切片得以进行,舍弃 $X=0.25\sim1.25\text{m}$ 共5条纵剖面,最终获得17条纵剖面,28条横剖面,并完成对45条纵横剖面的素描和各类沉积现象的文字记录,获得2册记录本。紧随切片过程拍摄剖面照片7665张,并获得供后期分析物性的面孔率微距取样照片12张,粒度像素取样照片10张,孔隙度分析取样10块,以及识别出典型河口坝31处(表3-3)。

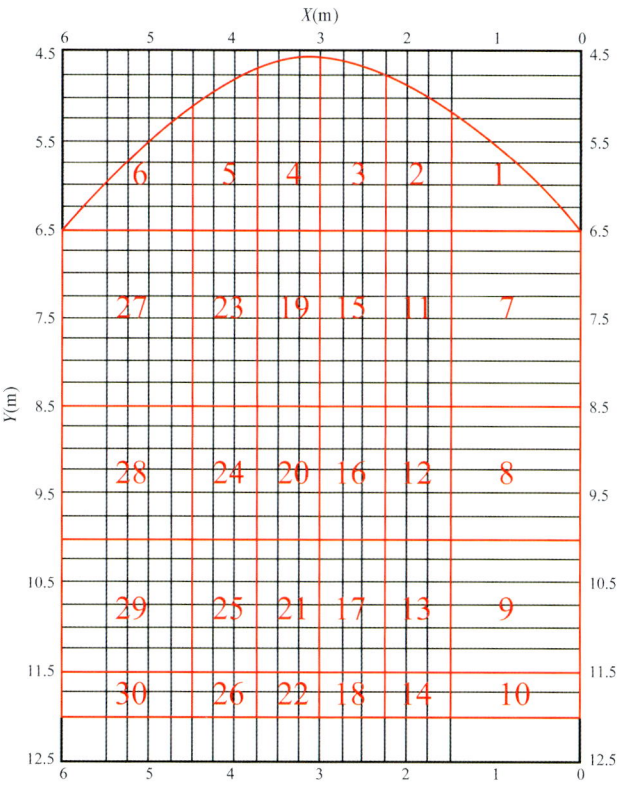

图 3-7 切片顺序图

表 3-2 切片时间安排表

日期	上午	中午	下午	日期	上午	中午	下午
4.23	(1)	(2)	(3)	4.30	(16)	(17)	(17)
4.24	(4)	(5)	(6)	5.1	(18)	(19)	(19)
4.25	(7)	(8)	(9)	5.2	(20)	(21)	(21)
4.26	(9)	(10)	(10)	5.3	(22)	(23)	(24)
4.27	(11)	(11)	(12)	5.4	(25)	(26)	(27)
4.28	(12)	(13)	(13)	5.5	(28)	(29)	(30)
4.29	(14)	(15)	(15)				
备注	结合图3-7切片顺序图观察						

表 3-3 切片过程工作量

工 作 内 容	完 成 情 况
切割剖面	17条纵剖面,28条横剖面
获取剖面照片	7665张
剖面素描及文字记录	2册共71页记录本
面孔率微距取样	12张
粒度像素取样	10张
孔隙度分析取样	10块
识别出典型河口坝	31处

3.3 剖面分析

3.3.1 横剖面分析

在 $Y=4.5\sim7\mathrm{m}$ 的无沉降区,该区域早期形成河口坝砂体顶部被后期河流侵蚀,残留河口坝砂体顶部发育河流沉积,无沉降区为长期处于河流的频繁、密集路过区,所形成的河流沉积砂体被不断改造、冲刷,该剖面附近沉积的砂体主要为多期河道沉积岩性组合,仅在每一期的底部保留有河口坝沉积(图3-8)。由于前三角洲亚相沉积时间很短,河口坝并无明显泥质沉积物存在。位于 $Y=7\sim9.5\mathrm{m}$ 的第一块活动底板,其第一排、第二排活动底板下降幅度分别为6.5cm和9.2cm,活动底板下降和底形递减两个因素影响沉积水体的增加,河口沉积厚度也相应增加,但河口坝顶部砂体同样被侵蚀掉。前三角洲泥厚度由2mm增加到5mm(图3-9)。第二块活动底板的两排升降柱下降幅度分别为10cm和10.5cm,沉积水体的进一步增加也导致河口坝厚度的增加,前三角洲泥沉积厚度也急剧增加,由5mm增加到20mm,部分区域由于河口坝砂体对下伏泥质沉积物的挤压,其厚度甚至可达80mm(图3-10)。

图3-8　$Y=6.25\mathrm{m}$ 部分横剖面

图3-9　$Y=9.25\mathrm{m}$ 部分横剖面

图 3-10　$Y=11.25m$ 部分横剖面

图 3-11　$X=3m$、$Y=5\sim11m$ 剖面图

3.3.2 纵剖面分析

以 $X=3.0m$ 纵剖面为例(图 3-11),可见,三个沉积期伴随着底形的递减和活动底板的降低,沉积水体加深,垂向可容纳空间增加,河口坝沉积厚度也跟着增加,在 $Y=7m$ 处由于活动底板的降低,砂体厚度有一个突变。湖盆离沉积物源越远,湖盆接受泥质物源沉积的时间越长,所以,泥质沉积物也逐渐增大,从 3mm 增加到 20mm,局部地区由于上覆河口坝砂体的挤压,泥质沉积物可达 80mm。

碎屑物源发育的三角洲在纵剖面上最大的特点是具有三层结构,即顶积层、前积层和底积层(图 3-12,图 3-13)。三角洲前缘坡度一般位于 10°~25°,由泥质沉积物组成的底积层,在上覆前积层砂体重力作用下发生蠕动,拉伸前积层底部砂体,使前积层底部倾角明显变小(图 3-14)。

3.3.3 厚度分析

三角洲前缘河口坝砂体厚度主要由水深控制(图 3-15),每一个沉积期的底形坡度递减和活动底板的沉降都会使沉积水体深度增加。在实验条件下,可认为三个期次的河口坝水上沉积部分厚度都相等,河口坝厚度的变化受控于沉积时的水体深度,即河口坝厚度 = 水体深度 H + 湖平面以上厚度 h(图 3-16)。因为河口坝湖平面以上沉积部分会遭受后期河流剥蚀,所以测量河口坝水上沉积部分时需选取最远端河口坝即最后沉积的河口坝水上部分。

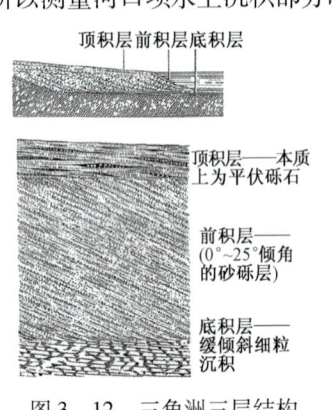

图 3-12 三角洲三层结构
(据 Gilbert,1914)

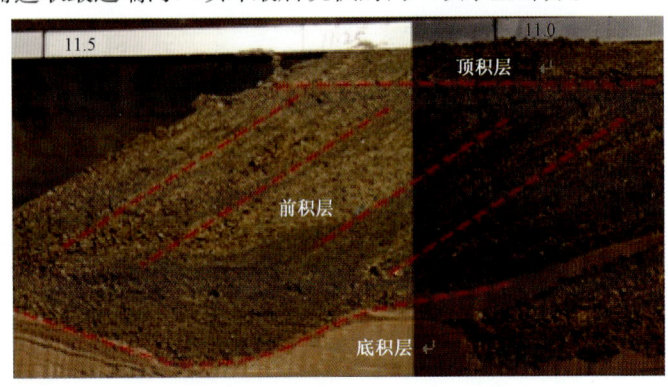

图 3-13 三角洲模拟实验三层结构

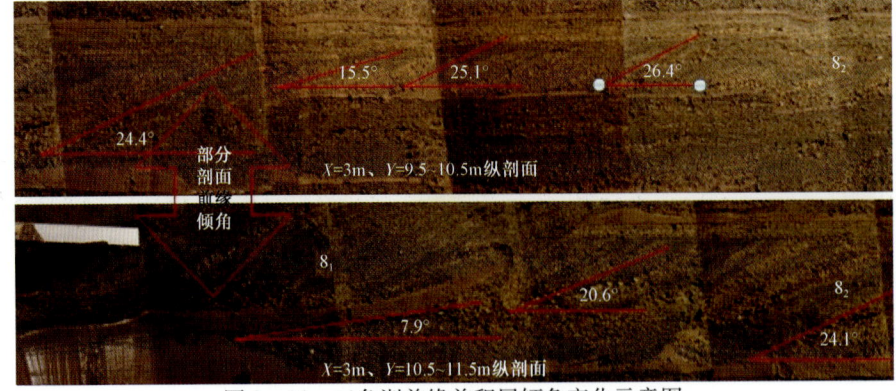

图 3-14 三角洲前缘前积层倾角变化示意图

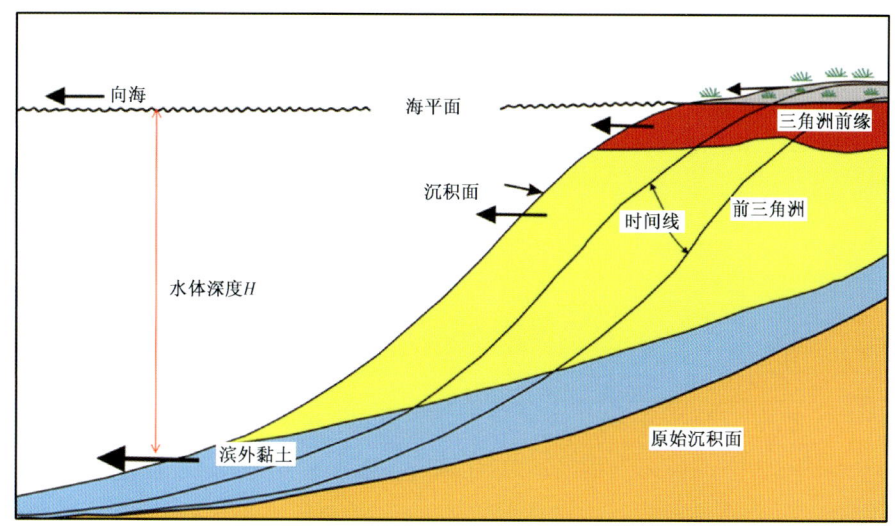

图3-15 河控三角洲前缘沉积模式(据Scruton,1960)

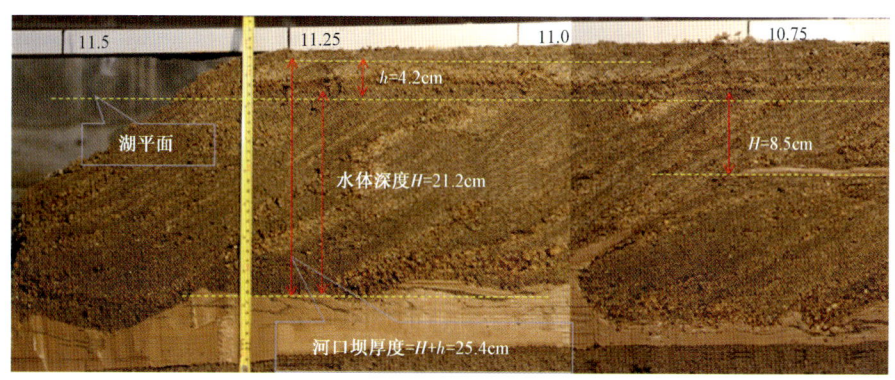

图3-16 河口坝厚度与水深关系图

根据以上河口坝厚度的计算公式,结合剖面厚度,计算出3期河口坝厚度值(表3-4)。

表3-4 河口坝砂体保留厚度与理论厚度关系表

期次 \ Y(m)	6	7	8	9	10	10.25	10.5	10.75	11
第一期砂体厚度(cm)	5.4	8.1	12	12	10.9	7			
第一期河口坝厚度(cm)	6	7.5	9	9.1	9.8	7			
砂体厚度-河口坝厚度	-0.6	0.6	3	2.9	1.1	0			
第二期砂体厚度(cm)	2	2.1	8.1	9	8.4	11.7	17	13	
第二期河口坝厚度(cm)	5.1	5.7	7	7.1	7.2	11.2	16	13	
砂体厚度-河口坝厚度	-3.1	-3.6	1.1	1.9	1.2	0.5	1	0	
第三期砂体厚度(cm)	4.3	4.7	10.6	11.1	9.7	10.3	11	15.8	22
第三期河口坝厚度(cm)	5.3	5.2	7.4	8.2	8.5	9.5	9.5	13	21
砂体厚度-河口坝厚度	-1	-1.2	3.2	2.9	1.2	0.8	1.5	2.8	

从表 3-4 可以得出三个结论:(1)当沉积砂体减去理论河口坝厚度值为负时,说明这一区域内河口坝侵蚀非常严重,河口坝主体被侵蚀,仅河口坝底部保留;(2)相减值为正时,此时河口坝顶部砂体依然会被部分侵蚀,但河口坝顶部砂体为多期河道砂体垂向叠置而成;(3)当相减值为 0 时,此处河口坝砂体刚好沉积在水面或者水面以下。

第4章 河口坝发育主控因素及发育模式

4.1 河口坝形成与演化的主控因素

河口坝是河口作用的产物,河流将沉积物搬运至河口,再从河口将沉积物转移分散到周围海域或湖域。这些沉积物的分布状况及各种砂体的形成均受河口区的水动力所控制。Coleman J. M. (1969)提出了决定河口作用的三个基本因素,即惯性因素、摩擦因素和浮力因素。Postma G. (1990)结合惯性、摩擦和浮力因素,并考虑水体深浅、坡度陡缓、注水速度、潮汐能量大小等河口作用类型加以分类。

以摩擦力为主的河口作用主要是河口处水体很浅,携泥沙流水与基底摩擦,水流散开,水动力迅速下降,形成胜二区沙二段8砂层组砂体的环境为淡水深水湖盆,不是以摩擦力为主的河口作用,再加上沉积水体为淡水,河流水体密度大于湖盆水体密度,也不是以浮力为主。所以可以判定形成胜二区沙二段8砂层组砂体的河口作用是以惯性力为主的河口作用。

4.1.1 底形坡度

底形坡度最直接的影响是湖泊水体的水深变化,坡度越陡,水深变化越大,所发育的快速堆积河口坝砂体的厚度也越大,堆积后的沉积物容易发生蠕动,河口坝形态被挤压或拉伸(图4-1,图4-2)。沉积厚度进一步增加,在重力,或者水位下降的情况下滑塌,形成重力流,河口坝不易形成和保存。

图4-1 横剖面上河口坝砂体挤压示意图　　图4-2 纵剖面上河口坝砂体拉伸示意图

对于底形平缓或较小坡度的环境,水深变化小,形成河口坝相对容易保存。地形坡度平缓的环境中,水系发散,砂体具有分布范围广的特征,有利于河口坝砂体保存(图4-3)。

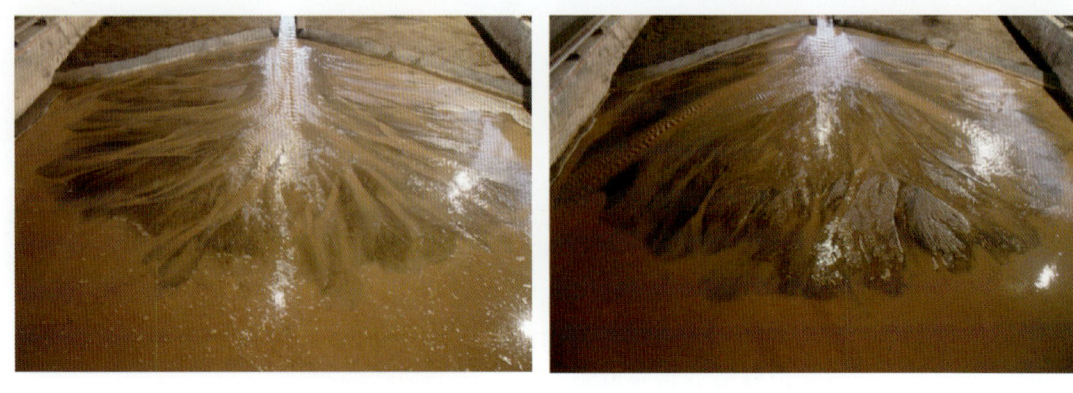

图 4-3 平缓坡度下发散水系形成连片河口坝示意图

4.1.2 物源供给

物源供给是形成河口坝的物质条件,只有当河流提供沉积物的速度比由当地盆地作用再分配的速度要快,河口处堆积的沉积物得以保存,才能形成河口坝。

模拟实验发现,在物源供给输沙平衡状态下,发育一支或多支较为固定的分流河道,流水几乎能将所有泥沙携带入湖,河流不会发生下切作用,仅发生侧向侵蚀。输沙平衡状态下的输沙量足以形成规模较大的河口坝(图4-4)。

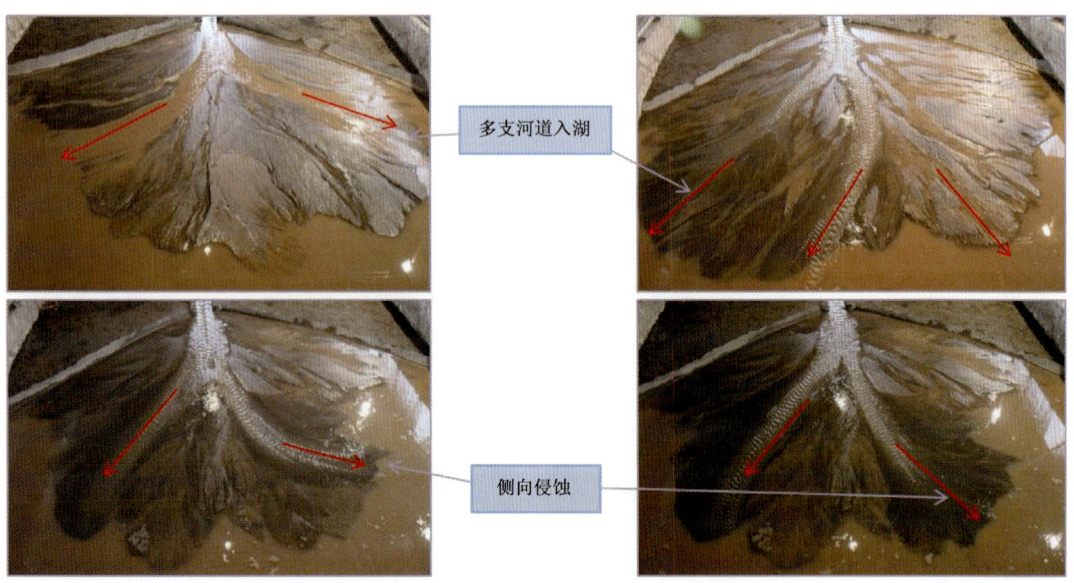

图 4-4 输沙平衡条件下河口坝发育示意图

物源供给充足情况下,河流不足以带走所有的沉积物,较多的沉积物在河道沉积,致使河道淤塞,河床升高,河流溢岸沉积,形成较多较小河道甚至水流呈片状流动而无明显河岸,每一分流河道流量较小,形成单个河口坝规模反而较小,但河口坝连片性较好(图4-5)。河流漫溢形成的片状水流携带有较大粒度颗粒,当物源减少,河道集中,片流水流减弱直至消失,在集中河流的河间地区形成一层由粗细颗粒混杂的砂层。

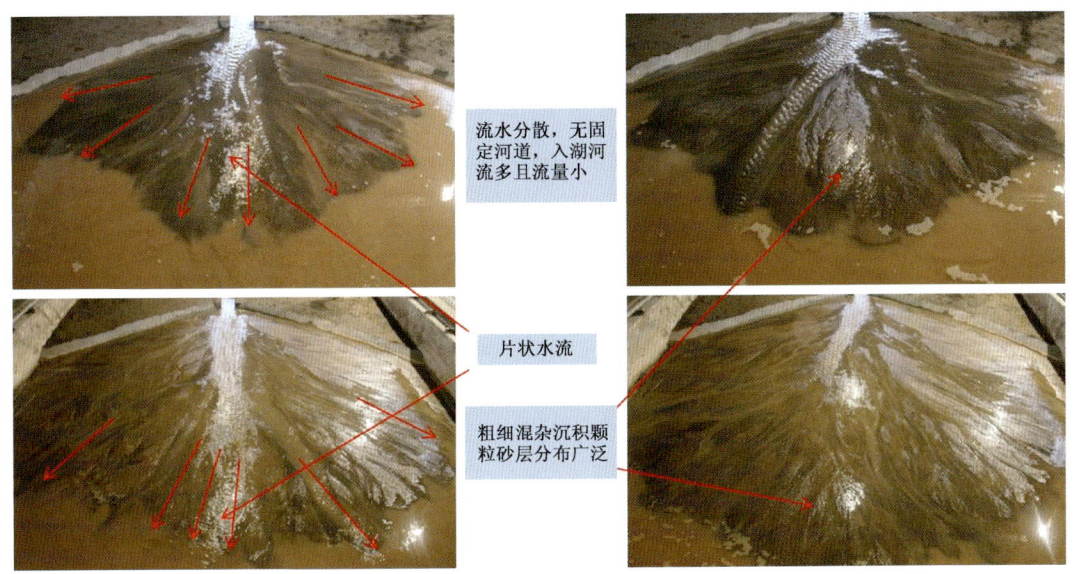

图4-5 物源供给充足情况下三角洲河口坝发育示意图

在物源供给不足的情况下,河流同时垂向和侧向切割早期沉积砂体,河道两侧砂体连片出露,形成河口坝的沉积物一部分来自于河流上游的物源区,一部分来自对早期形成河口坝顶部砂体的侵蚀(图4-6)。实验观察发现,河流因侧向侵蚀而缓慢地左右摆动,但各处摆动速率不等,越靠近河口其摆动速率越大。

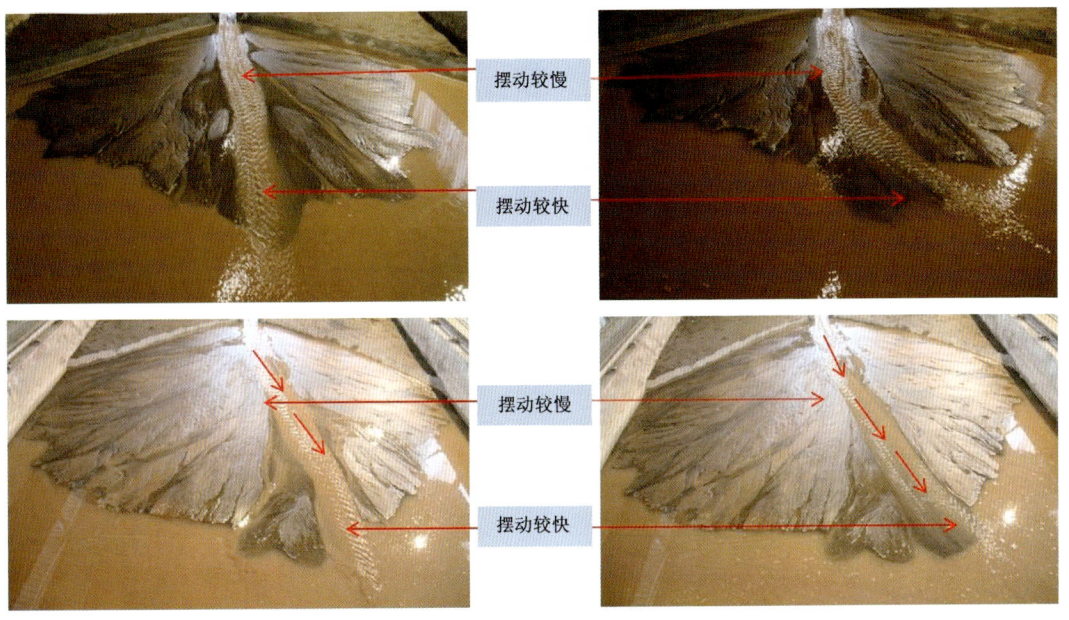

图4-6 物源供给不足时河口坝发育示意图

4.1.3 流量大小

流量的大小主要影响河口坝发育的规模。流量大小影响着河流宽度,进而影响河口坝发育规模的大小。

洪水条件下,河流无固定河道,呈强片流流动特点,强片流区水流强度大,搬运能力强,沉积物不易保存,在靠近湖盆端形成强分流区,分流河道发育较多,且每条分流河道的流量都较大,较大规模河口坝连片发育,同时期形成河口坝相互叠置(图4-7)。强片流洪水携带的沉积物在水流流量减少时沉积下来形成条带状粗颗粒砂体,这类沉积由于后期河流侧向侵蚀而不易保存(图4-8)。

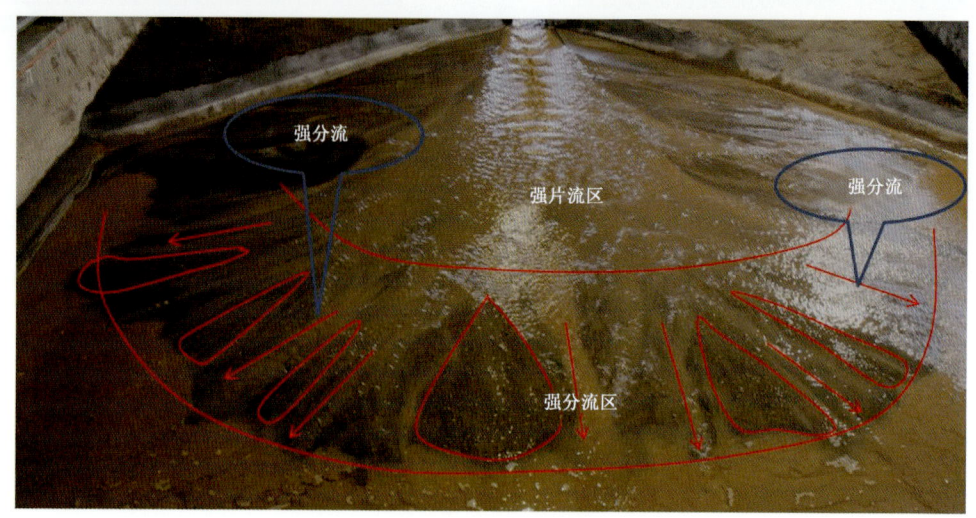

图4-7 洪水条件下河口坝发育示意图

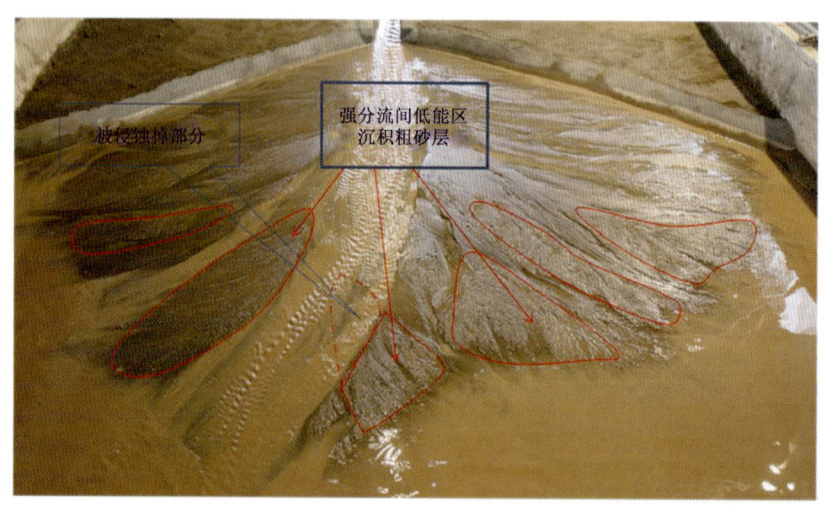

图4-8 强片流沉积示意图

中水条件有利于河口坝发育,中水流量有限,分流河道较少,多数情况下仅发育一至两条较大河道,河口坝规模较大,呈现因单一河流摆动而形成的不同河口坝叠置形式(图4-9)。在三角洲平原上,中等流量在物源较为充足的情况下,沿主河道两侧或一侧容易发育较多的斜列沙坝(图4-10)。

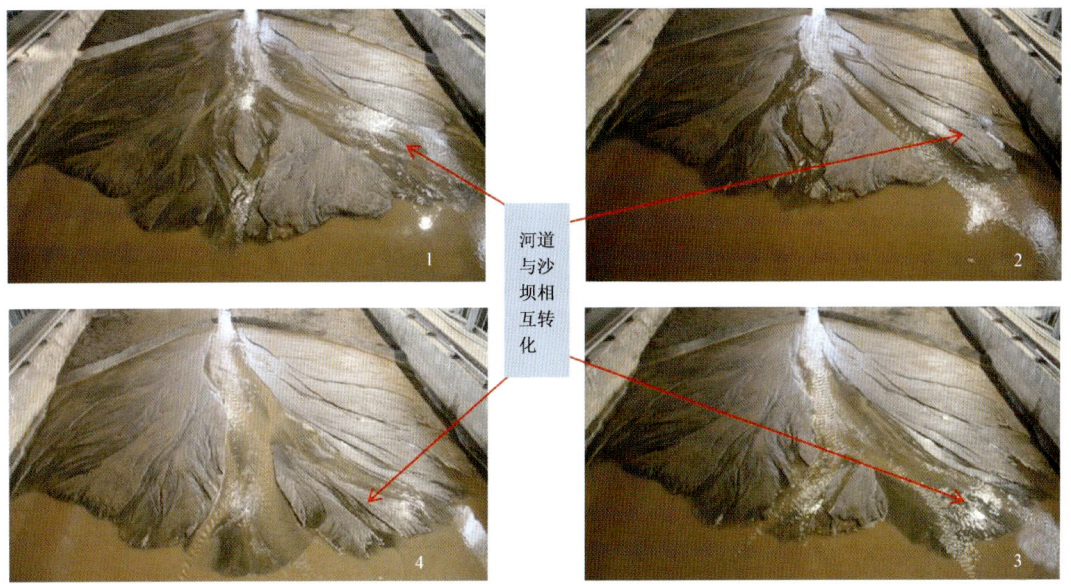

图 4-9 中水条件下河口坝发育示意图

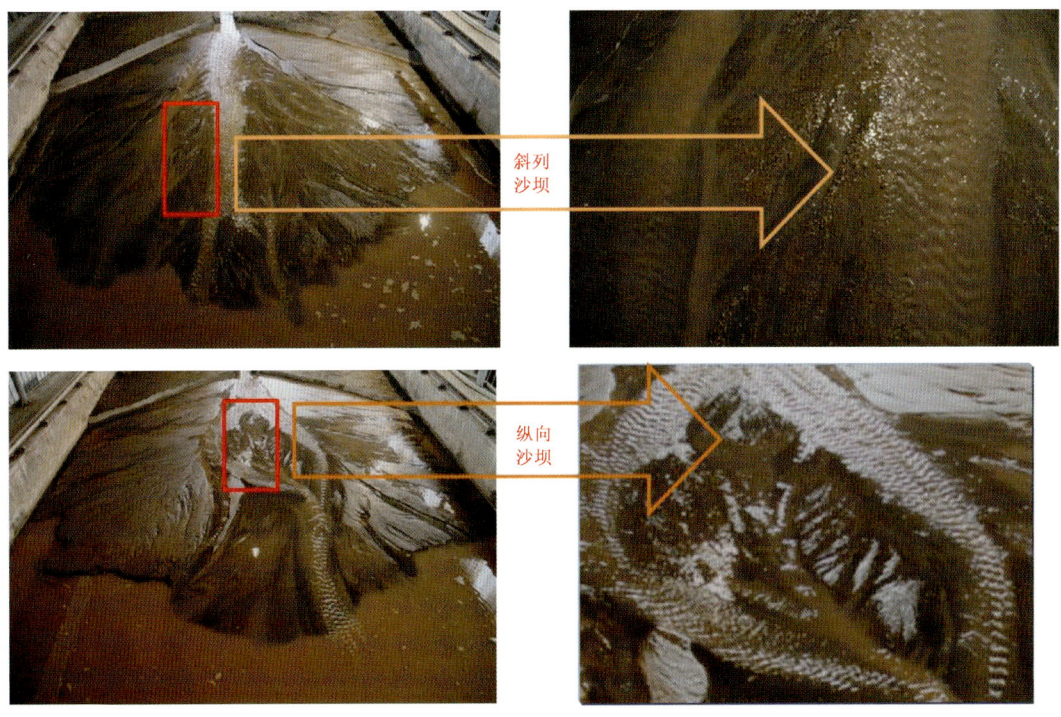

图 4-10 中水条件下斜列沙坝发育示意图

枯水环境下,由于河流流量低,多数河流水量减少甚至断流,三角洲平原砂体大部分出露,分散的小股水流水动力不足以搬运粗颗粒沉积物,主要携带较细颗粒沉积物,形成粒度较细的小规模河口坝(图 4-11)。

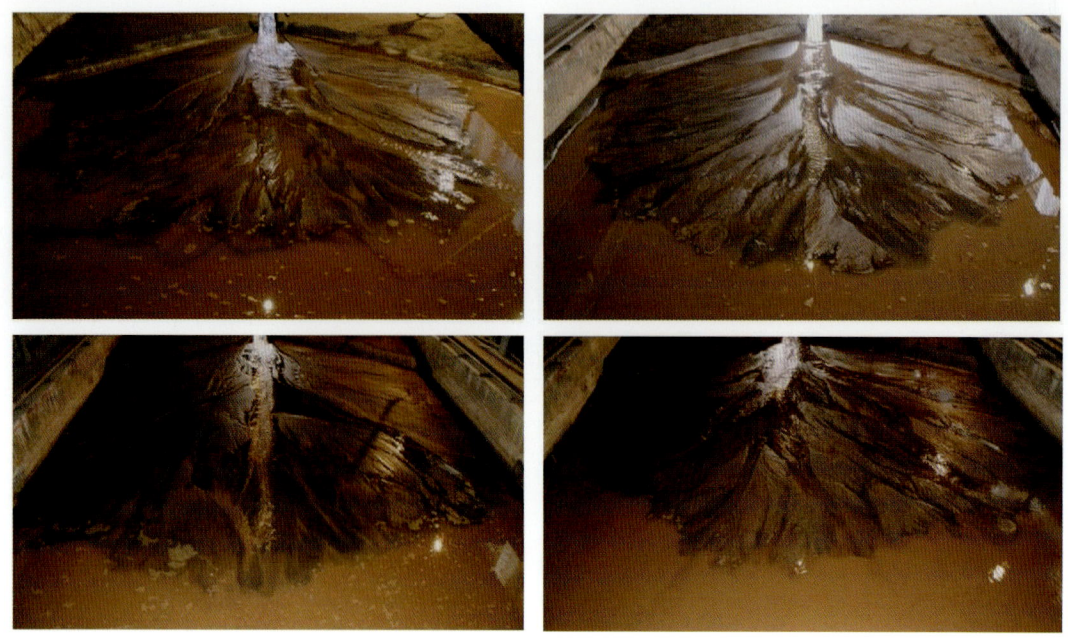

图 4-11 枯水环境下河口坝发育示意图

4.1.4 构造沉降

构造沉降影响着底形和水深的变化,进而影响河口坝的发育。沉积模拟实验通过活动底板的升降模拟构造沉降,活动底板下降,水体加深,三角洲河口坝退积覆于早期河口坝之上。胜二区沙二段 8 砂层组水槽模拟实验通常只进行活动底板下降,模拟构造沉降。活动底板每次下降幅度在 0.5~2.5cm 之间。活动底板的小幅下降引起的水体小幅上升,所以河口坝沉积厚度较薄,长宽比、宽厚比都较大(图 4-12)。

4.1.5 相对湖水位升降

水槽条件下活动底板下降会引起湖水位的升高,其他湖水位升降的情况都是为了更好地研究沉积现象而刻意升高或者降低。

当湖水位比较稳定时,三角洲各个方向发育速率大致相等,其中纵向发育速度最快。由于河流改道,在三角洲前缘形成同期或者不同期沉积体。两条以上主河流同时发育则发育同期沉积体;单一主河道摆动形成不同期沉积体。最终同期或不同期河口坝砂体连片。稳定湖水位条件下形成的河口坝剖面连续性较好,便于追踪和识别单个河口坝,对于了解单个河口坝三维几何形态有很大帮助(图 4-13)。

湖水位上升,三角洲河口坝退积,覆盖在前期河口坝之上,成因上单个河口坝厚度变薄,正因为如此,在剖面上不易识别该类型河口坝,而误将此类河口坝砂体并入下伏河口坝砂体之中。湖水位下降会造成沉积底形坡度的增大,河流侵蚀切割早期形成河口坝,并以被切割掉的砂粒物质作为新生成河口坝的物质来源(图 4-14)。

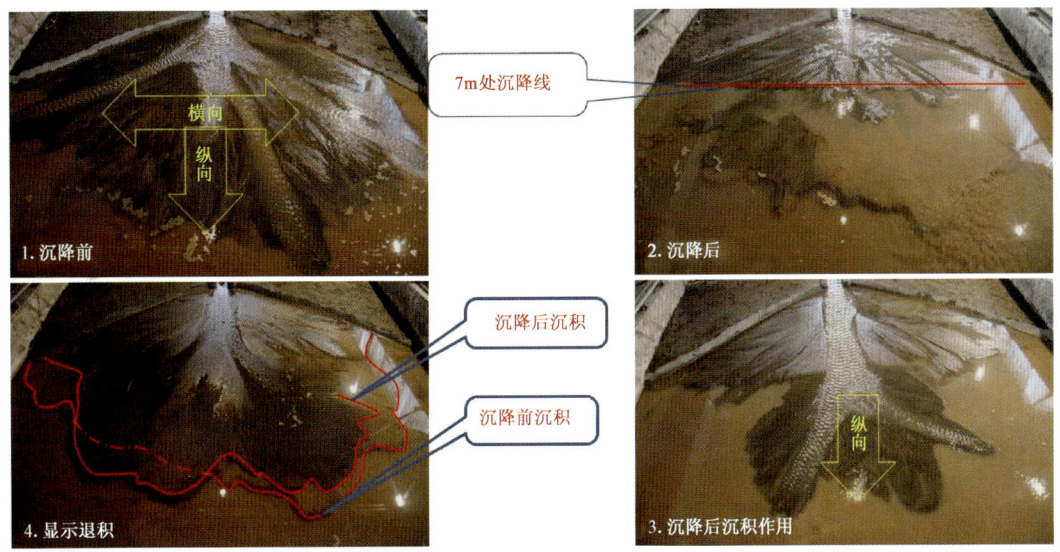

图 4-12 构造沉降后河口坝发育示意图

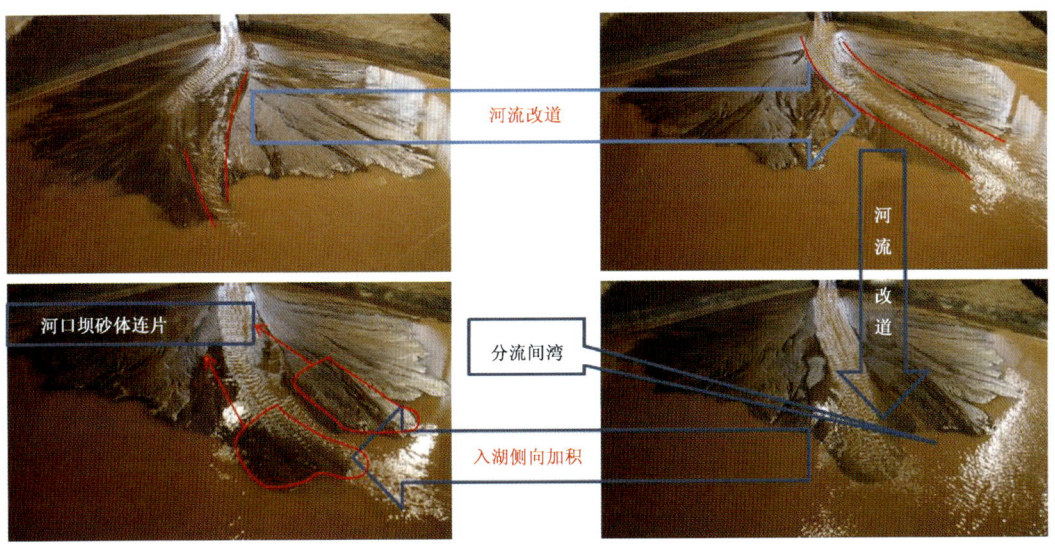

图 4-13 稳定湖水位环境下河口坝发育示意图

4.2 河口坝发育模式

4.2.1 单一河口坝发育模式

河流携泥沙入湖,床底负载在河口处沿底形堆积、淤高并向前加积并延伸,延伸到一定距离后由于河流失去坡度优势,河口横向摆动拓展河口坝宽度,横向展宽一定距离后,河流分流形成次级河口坝。河流入湖延伸一段距离后因失去坡度优势而导致河口摆动,实验观察发现,河口呈现四种不同的摆动模式,每种摆动模式对应一种河口坝发育模式。四种摆动

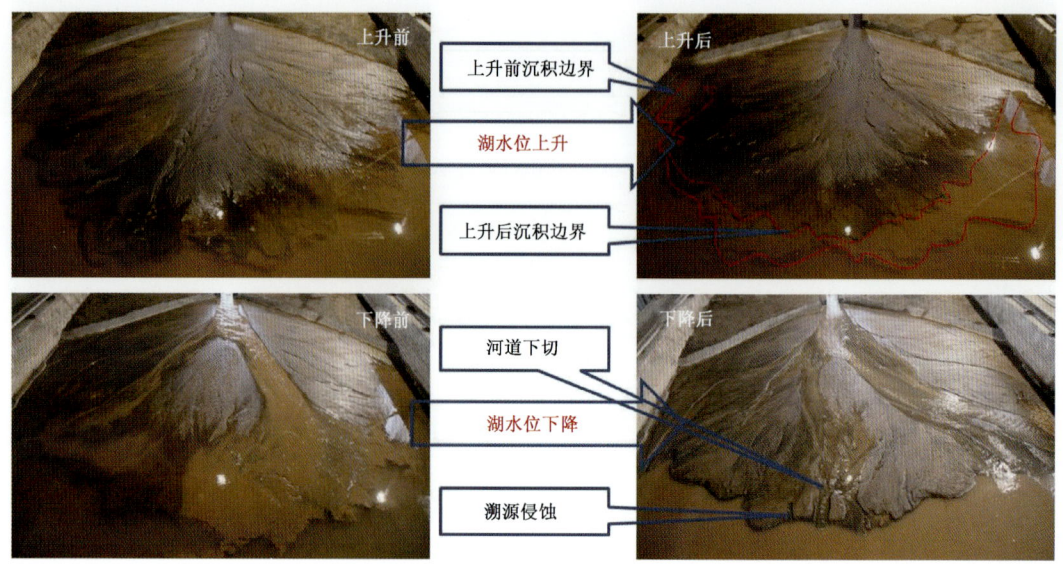

图 4-14 湖水位升降河口坝沉积现象图

模式分别为:河口不摆动、小幅度单向摆动、小幅度左右摆动、大幅度单向摆动。其中,大幅度单向摆动发育河口坝复合体。

4.2.1.1 河口不摆动发育模式

河流在三角洲平原边缘端特定位置处入湖,随着河口坝砂体的堆积,河流向前延伸,但由于河流在三角洲平原中部的快速改道,该河流流量迅速降低,河口还没有出现侧向摆动的时候河口坝就停止发育(图4-15)。

4.2.1.2 河口小幅度单向摆动发育模式

河流入湖形成河口坝,河口坝纵向发育一定长度后,河口只沿一个方向侧向摆动,侧向拓展的同时也向前发育增长,但以横向拓展为主,最后河口坝前端呈钝舌形(图4-16)。

4.2.1.3 河口小幅度左右摆动发育模式

河流在某一处入湖,向前延伸至一定距离,河流失去坡度优势后向一侧摆动,之后再摆向相反方向。在左右摆动过程中,河口向左摆动或者向右摆动的幅度可以一样,也可以有差别,一般有一个摆动的优势方向,即向一个方向摆动距离远大于另一方向(图4-17)。

4.2.1.4 河口大幅度单向摆动发育模式

河口单向大幅度摆动,这种现象出现在三角洲平原两侧入湖端,河流在这片区域弯曲度很大,河流在惯性作用的调整下,单方向地缓慢从三角洲平原侧翼摆向前方,河口坝呈环状分布,剖面特征与单方向小幅摆动不同的是,由于河流弯曲度大,初始入湖处沉积时间短,与摆动过程中形成的河口坝剖面特征相似,所以,环状河口坝剖面特征为单方向倾斜的复合韵律层,韵律层的分布与河流在具体某一入湖点停留时间长短相关(图4-18)。

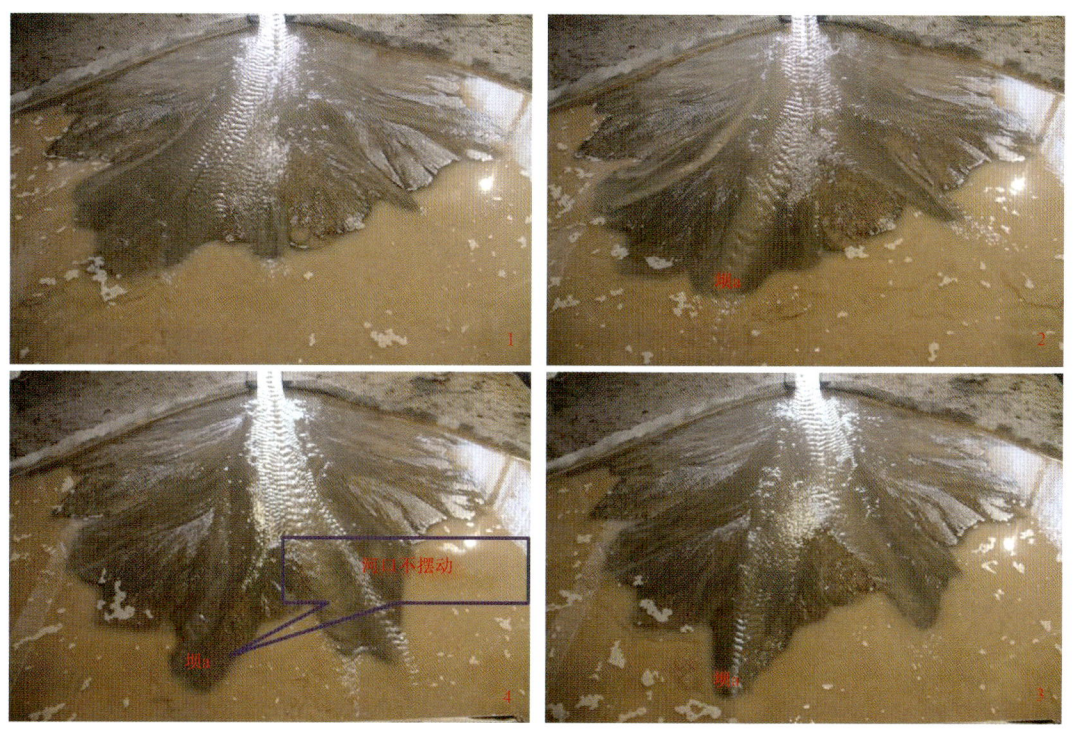

图 4-15 河口不摆动条件下河口坝发育情况

图 4-16 河口小幅度单向摆动条件下河口坝发育情况

图 4-17 河口小幅度左右摆动条件下河口坝发育情况

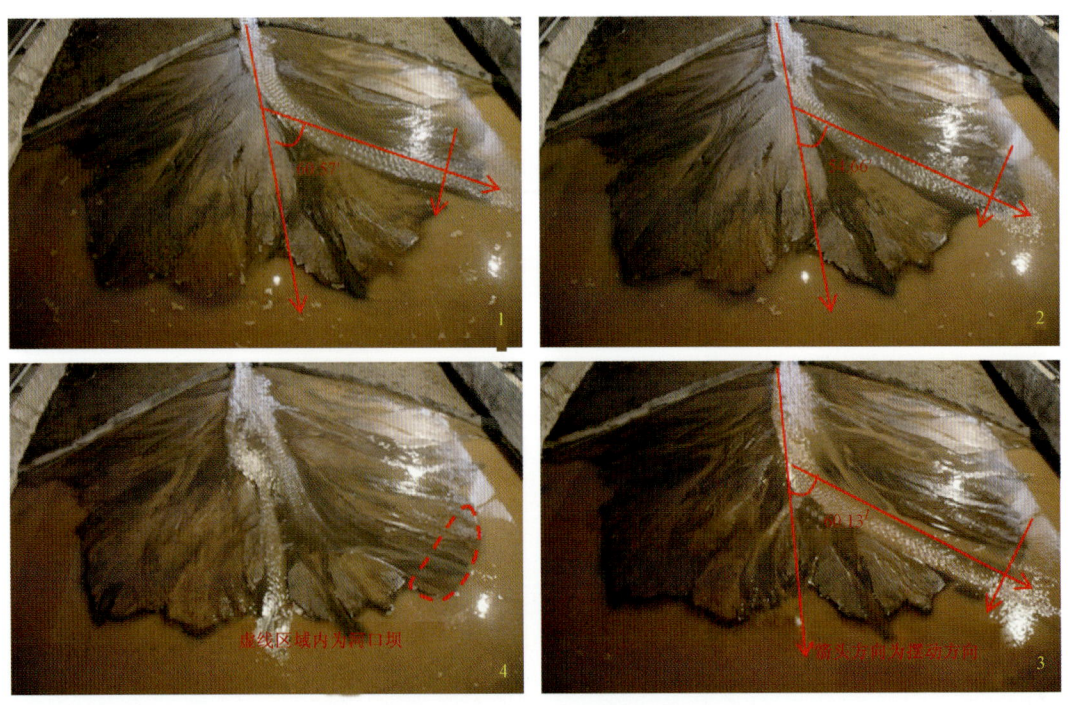

图 4-18 单方向摆动河口坝发育模式

根据以上四种河口摆动模式,抽象地绘制出相应的河口摆动模式图(图 4-19),得出四种河口坝发育模式。其中,河口不摆动发育模式、小幅度单向摆动发育模式和小幅度左右摆动模式属于单一河口坝发育模式,而河口大幅度摆动发育模式,是河流在大幅度单向摆动过程中形成的一系列小型环状河口坝复合体的发育模式(图4-19d)。综合以上四种河口坝发育模式,可以发现四种发育模式有相似的特点,即河流入湖形成河口坝,河口坝向前延伸一段距离后河口会发生摆动,只是摆动方式不同,而第一种河口不摆动的情况是河流改道,河口坝发育被迫中止。基于四种发育模式相同特点,得出河口坝发育的普遍模式(图4-20),河口坝发育的典型特点为先向前发育,然后以横向发育为主,向前发育为辅。

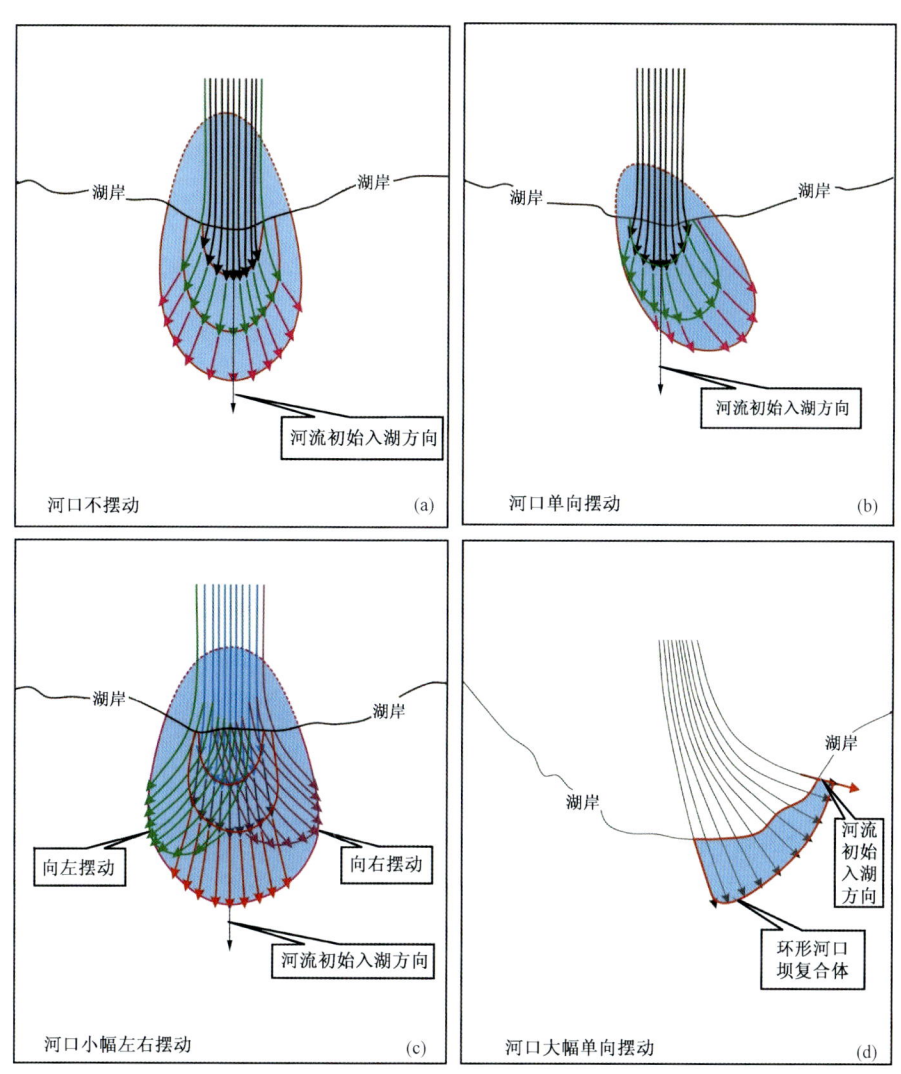

图4-19 河口摆动模式

4.2.2 河口坝复合体发育模式

河流在三角洲平原上由于缓慢的侧向侵蚀,或决堤,或仅仅是由于河流在河口位置的较大幅度摆动,都会造成入湖河口位置的改变,入湖河口位置的改变意味着一个河口坝发育的结束,另一个河口坝在别处发育的开始,如此反复,便形成一系列叠置的河口坝复合体(图4-21)。

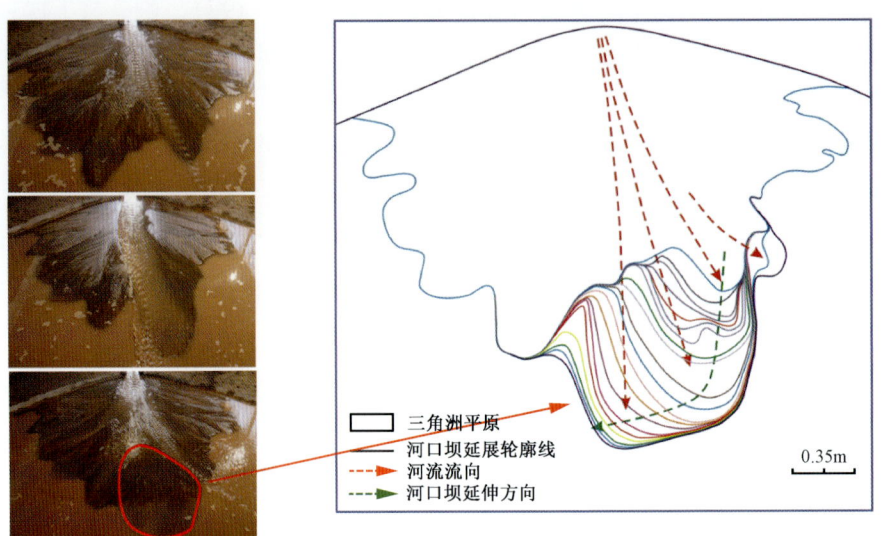

图 4-20　单一河口坝发育模式

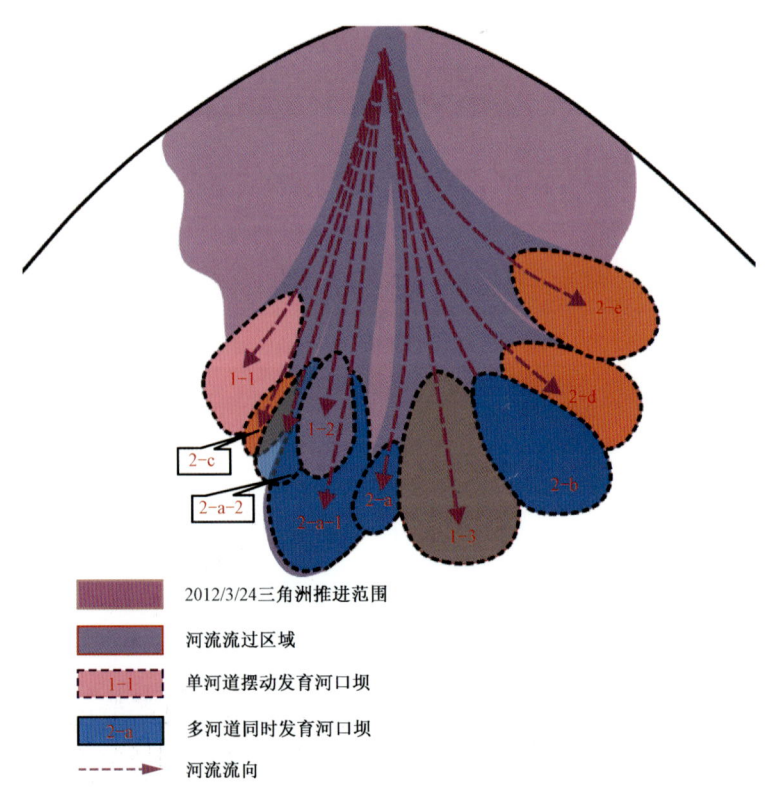

图 4-21　河口坝复合体发育模式

第5章 河口坝构型研究

5.1 储层构型分析法

1964年Allen提出了关于沉积界面的思想:"利用一套具等级系列的岩层接触面,可以把砂体内部划分为有成因联系的地层"。1985年加拿大多伦多大学教授Miall结合Allen沉积界面的观点,在第二届国际河流会议上提出了用沉积界面和建筑结构分析法分层次研究露头和现代沉积中河流相砂体的成因类型、内部建筑结构和非均质等级的思想。1990年第十三届国际沉积学大会明确指出研究砂体几何学、内部建筑结构、不渗透薄夹层分布及渗透率的空间变化是储层非均质的主要内容,并且认为研究沉积界面体系(界面层次或界面等级)是搞清砂体内部建筑结构的关键,各种不渗透夹层往往都与不同级次的沉积界面相关联。

储层建筑结构的基本内容包括:界面等级、构型要素、岩相类型及其空间叠加样式。这三大内容构成了这种分析方法的基本框架与研究内容。其中构型要素包括岩相组合和砂体几何形态。

5.2 河口坝构型分级及界面划分

为了合理揭示河口坝内部构型特征,本沉积模拟实验参照Miall(1988)关于河流相的层次界面划分方案,结合学者对胜二区沙二段8砂层组三角洲前缘河口坝层次界面的认识(表5-1,图5-1),对胜二区沙二段8砂层组辫状河三角洲沉积模拟实验前缘河口坝沉积的层次界面进行了划分,从小到大依次划分为3级界面、4级界面和5级界面(图5-2,图5-3)。

表5-1 河流和三角洲沉积界面分类及描述的层次方案

级别	河流(Miall,1988,有修改)	三角洲前缘(河口坝)
1级	纹层界面,分隔相似岩性,有轻微的侵蚀,不削截下伏纹层	岩石中分隔相似岩相的界面
2级	纹层组间的界面,为典型的侵蚀面,分隔不同岩相的纹层组	岩石中定义不同岩相的界面
3级	侵蚀纹层和纹层组的较小的侵蚀冲刷面	小的侵蚀面,分隔单一河口坝增生体
4级	非侵蚀面,代表叠加沉积单元间的界面	非侵蚀面,代表单一河口坝间的界面
5级	指示有成因关系的构型要素集合体底部侵蚀面	指示叠加河口坝单元复合体顶部的侵蚀面

(1)3级界面为单一河口坝砂体内部增生体的顶、底界面,界面向湖心方向倾斜,其上披覆着短暂间洪期沉积的薄泥质夹层,在薄泥层界面上下的岩相组合相似。此类界面反映了

河口沉积作用的短暂变化,如河水流量的变化、河口左右小幅摆动引起的局部水量变化、负载的增减或湖水的季节性涨缩等。

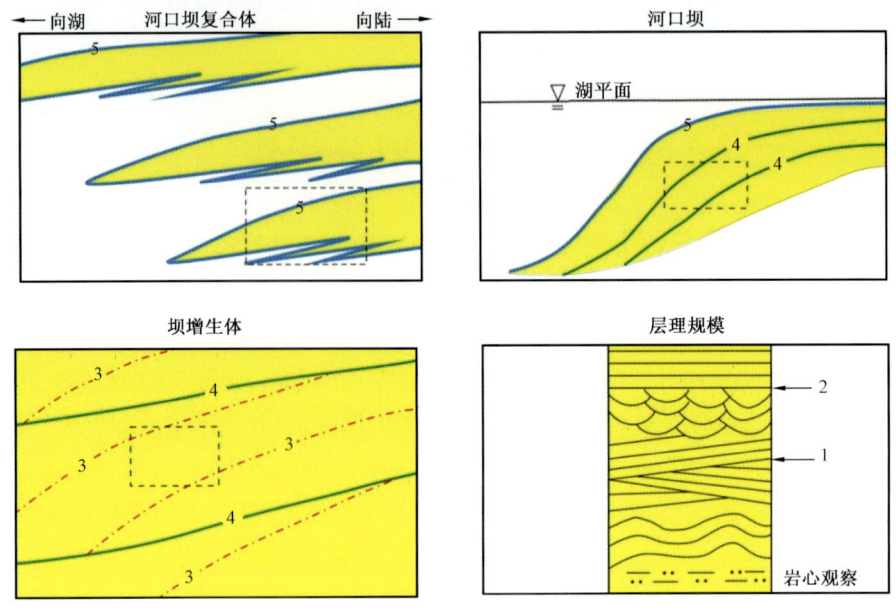

图 5-1　三角洲前缘河口坝砂体层次界面分级

1~5 数字:构型界面层次分级

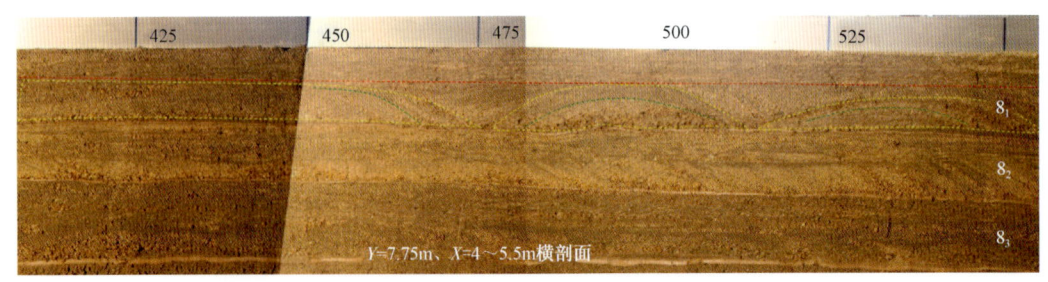

图 5-2　横剖面 3~5 级界面划分示意图

(红色区域限定为五级界面,黄色区域为四级界面,绿色区域为三级界面)

图 5-3　纵剖面 3~5 级界面划分示意图

(红色区域限定为五级界面,黄色区域为四级界面,绿色区域为三级界面)

(2) 4级界面顶为多个河口坝增生体叠合形成的单一河口坝的顶界面,底界面为单一河口坝砂体与下伏泥质沉积物的交界面(图4-21,图4-22)。顶界面亦向湖心方向倾斜,是水下分流河道不断向前进积,砂体不断越过前期沉积的河口坝砂体而形成,上下的岩相明显不同,界面之上为泥质沉积层,但由于后期河流的侵蚀作用,此泥质沉积层保存较少,甚至没有保存,直接与上覆河道沉积砂体相接触。界面横向延伸长度较大,基本覆盖下伏的单一河口坝砂体,顶部可以被更高级界面削蚀,底部常可与三级界面重合或合并。

(3) 5级界面顶为多个单一河口坝垂向叠加与侧向叠合形成的河口坝复合体的顶界面,底界面为河口坝复合体与下伏整个泥质沉积层的交界面。5级界面是沉积模拟实验三角洲前缘沉积体中识别出来的最高级别的沉积界面,为主要的侵蚀或洪泛面。界面向湖心方向倾斜,多呈平坦或略微波状起伏,延伸范围广,分布稳定,是由三角洲朵体的迁移或水下分流河道的改道等而引起。其为模拟实验第一期、第二期和第三期的分界面。界面之上沉积大面积的前三角洲泥岩,表明沉积环境发生较大改变,相对湖平面上升,湖岸线后退,可容空间增大。界面之上发育的稳定泥质沉积物可当做良好的隔层,此界面平面延伸远,第一期延伸至 $Y=10.5\mathrm{m}$,第二期延伸至 $Y=11\mathrm{m}$,第三期延伸至 $Y=11.5\mathrm{m}$。

5.3 单一河口坝识别标志

5.3.1 横剖面上单一河口坝识别标志

根据河口坝之间的叠置关系作为识别单一河口坝的标志。河口坝的叠置关系包括:坝主体与坝主体完全重合、坝主体与坝主体不完全重合、坝主体与坝缘接触、坝缘与坝缘接触和坝缘与泥接触(图5-4)。在识别沉积模拟剖面时可简化为三种叠置关系:① 坝主体与坝主体叠置,包括完全重合和不完全重合;② 坝主体与坝缘或坝缘与坝缘接触;③ 坝缘与泥质沉积物接触,即两个河口坝之间被泥质沉积相隔。识别的依据是河口坝之间被细粒沉积层或者泥质沉积层相隔,其厚度大于河口坝内部增生体细粒沉积层厚度。

(1) 主体与主体叠置。此种叠置方式包括主体与主体完全重合及不完全重合两种。由于河口坝规模较小,因此这两种方式叠加的单一河口坝其界线较难识别(图5-5)。

(2) 坝缘与主体叠置或坝缘与坝缘叠置。同样,实验沉积砂体上坝缘与主体、坝缘与坝缘不易区分,于是把两者归为一类(图5-6)。

(3) 河口坝与泥岩组合。这种组合关系两个与泥岩接触的河口坝本质上就是独立的河口坝,其与泥岩接触的位置即为单一河口坝的边界,泥质沉积物隔开了两个河口坝(图5-7)。

5.3.2 纵剖面上单一河口坝识别标志

在纵剖面上,除了典型的反粒序可作为识别河口坝特征外,还有两种特征来帮助识别河口坝,一是细粒沉积层,还有就是前三角洲泥厚度变化特征。河口坝在纵剖面上表现为一律的前积层,可通过粒度所表现出来的韵律层来识别。河口坝在发育末期因水流减弱而沉积一层细粒沉积物,此细粒层分隔不同的河口坝。分割不同河口坝的细粒沉积层为细—粉砂和泥质沉积,而河口摆动过程中水流改变而形成的细粒沉积层更多为细—粉砂,属于河口坝

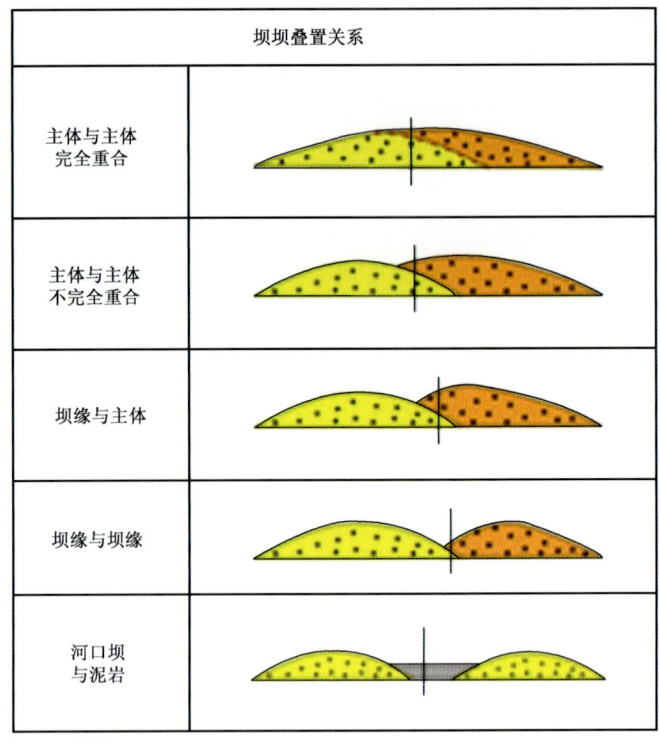

图 5-4 河口坝与河口坝之间的叠置关系

图 5-5 主体与主体不完全重叠关系单一河口坝识别结果

图 5-6 坝缘与主体叠置关系单一河口坝识别结果

内部增生体,两者是不同的(图5-8)。根据前三角洲泥的变化同样可以识别河口坝,在较深水域,沉积有较厚的前三角洲泥,前三角洲泥在快速堆积的河口坝砂体重力作用下发生蠕动,泥层厚度不均一,在砂体中心部位下方泥层厚度薄,砂体前端泥层较厚,泥层与河口坝砂体顶面呈"圆滑"接触(图5-8)。

图5-7 河口坝与泥岩组合示意图

图5-8 单一河口坝纵向识别标志

5.3.3 河口坝内部粒度分布特征

河流携沙入湖,经河口处水动力分选,垂向上整体呈反粒序分布特征。由于受不同河口摆动模式的控制,河口坝内部会出现由若干正粒序组成的韵律层。河口的不同摆动对河口坝形态存在明显的控制作用,主要控制河口坝内部韵律层的分布特征。

(1)河口不摆动:河流在三角洲平原中部改道,流水消失很快,河口未发生摆动河流就已经断流,这类型河口坝规模通常较小,因为河口坝向前延伸较短,横向无拓展,坝体呈底平顶凸,内部层理对称(图5-9)。

(2)河口小幅单向摆动:河口坝纵向发育至一定距离后,河流因失去坡度优势,河流只沿一个方向侧向摆动,侧向拓展的同时也向前发育增长,最后河口坝前端呈钝舌形(图5-10)。

(3)河口小幅左右摆动:河流在某处入湖,向前延伸至一定距离,河流失去坡度优势后向一侧摆动,之后再摆向相反方向,在左右摆动过程中,一般有一个摆动的优势方向,即向一个方向摆动距离远大于另一方向(图5-11)。

(4)河口大幅单向摆动:这种现象出现在三角洲平原两侧入湖端,河流在这片区域弯曲度很大,河流在惯性作用的调整下,单方向地缓慢从三角洲平原侧翼摆向前方,河口坝呈环状分布,理论上为多期河口坝相邻叠置形成的河口坝复合体(图5-12)。

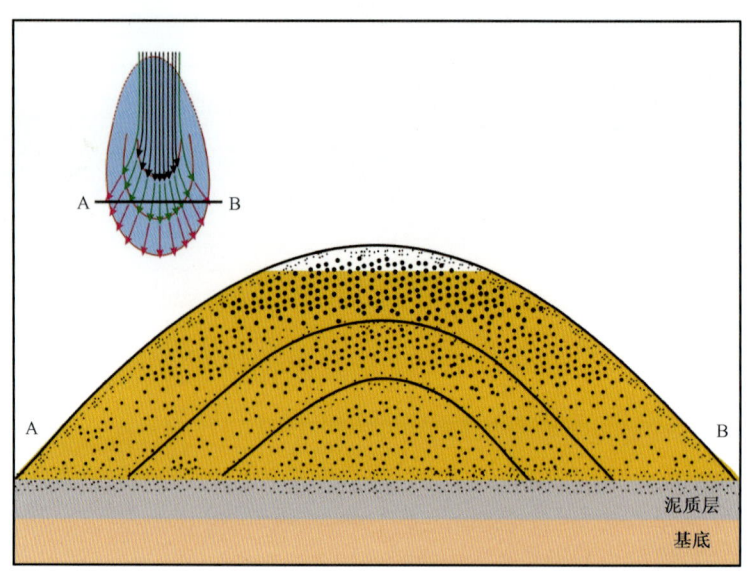

图 5-9 河口不摆动发育河口坝内部粒序及层理分布特征

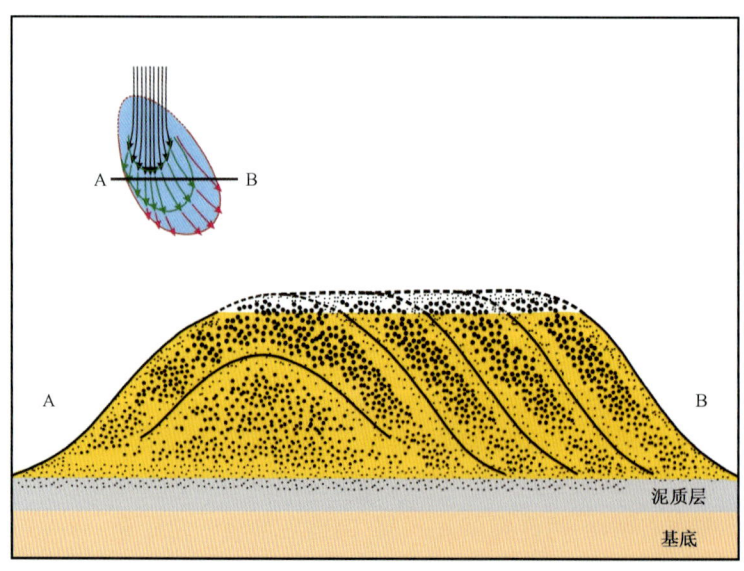

图 5-10 河口小幅单向摆动发育河口坝内部粒序及层理分布特征

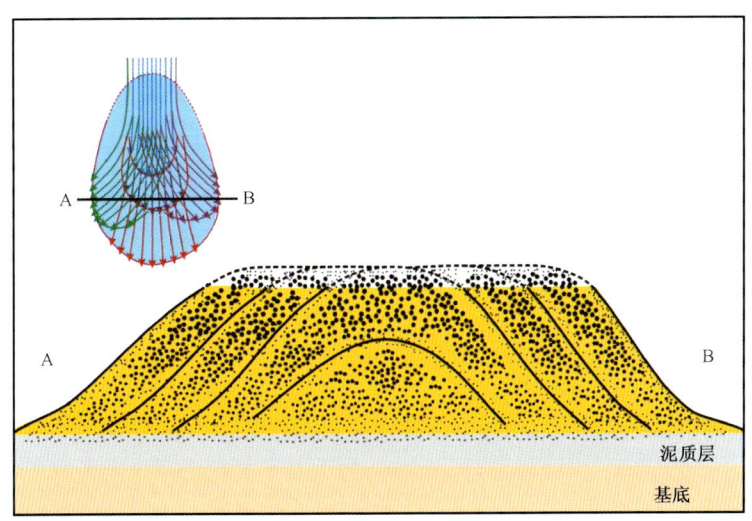

图 5-11 河口小幅左右摆动发育河口坝内部粒序及层理分布特征

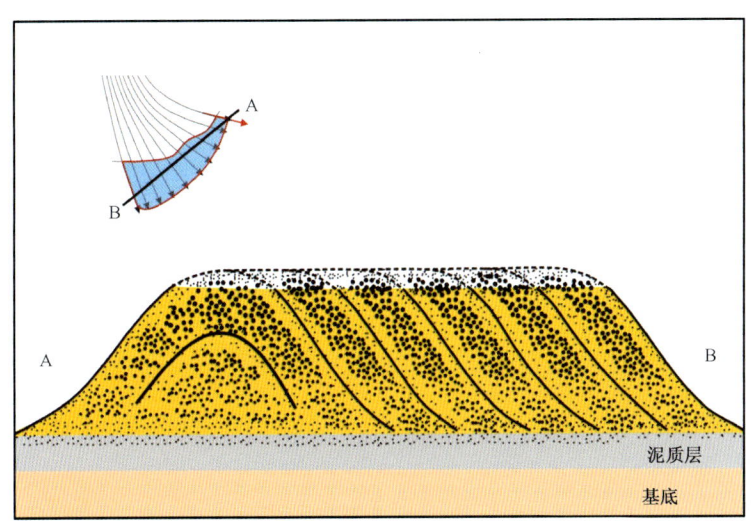

图 5-12 河口大幅单向摆动发育河口坝内部粒序及层理分布特征

不同河口摆动模式所发育的河口坝,其纵剖面垂向上的粒度和韵律层分布特征相似,整体呈反粒序,局部呈正粒序,河口坝顶部也呈正粒序,层理向前倾斜,显示前积构造特征(图5-13)。

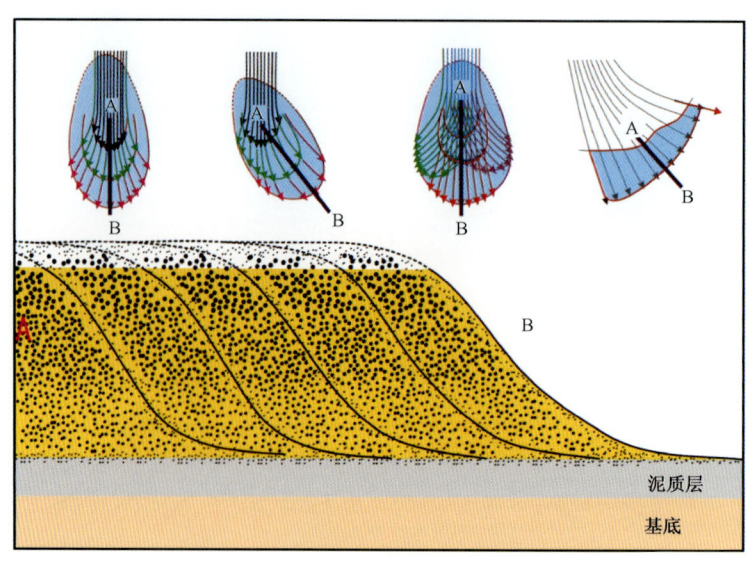

图 5-13 河口坝纵剖面内部粒序及层理分布特征

5.4 单一河口坝定量规模

5.4.1 前人研究成果

Tye(2004)收集了墨西哥湾 Atchafalaya 三角洲及阿拉斯加 Colville、Sagavanirktok 和 Kuparuk 河流的现代河口坝的尺寸数据。数据显示坝宽为 0.1km 到 3km，坝长从 0.14km 至最大值 7km(表 5-2，图 5-14)。

表 5-2 现代沉积河口坝观测数据

三角洲	相带	长度(km)			宽度(km)			样点数
		最小值	模数	最大值	最小值	模数	最大值	
Colville 三角洲	河道带	N/A	N/A	N/A	0.91	1.61	5.49	44
	河道	N/A	N/A	N/A	0.27	0.5	0.78	40
	河口坝	0.07	0.46	2.72	0.03	0.15	2.04	312
	废弃河道	0.09	0.39	2.74	0.03	0.05	1.07	140
	分支河道	N/A	N/A	N/A	0.05	0.42	2.43	281
	决口扇	0.24	0.63	1.38	0.17	0.38	0.67	14
	分支河口坝	0.14	0.43	6.73	0.09	0.16	2.93	109
	湖相沉积	0.05	0.14	6.96	0.02	0.09	3.31	500

续表

三角洲	相带	长度(km)			宽度(km)			样点数
		最小值	模数	最大值	最小值	模数	最大值	
Kuparuk 三角洲	河道带	N/A	N/A	N/A	1.2	2.1	3.78	33
	河道	N/A	N/A	N/A	0.21	0.56	1.13	61
	河口坝	0.15	1.24	3.21	0.08	0.2	1.49	312
	废弃河道	0.14	0.42	2.56	0.06	0.14	1.2	133
	分支河道	N/A	N/A	N/A	0.04	0.2	0.66	82
	分支河口坝	0.17	0.61	1.73	0.09	0.31	0.85	38
	湖相沉积	0.04	0.05	3.06	0.02	0.03	1.12	500
Sagavanirktok 三角洲	河道带	N/A	N/A	N/A	0.49	0.7	2.38	42
	河道	N/A	N/A	N/A	0.09	0.53	1.25	65
	河口坝	0.07	0.24	3.59	0.05	0.14	1.66	308
	废弃河道	0.22	0.53	2.95	0.06	0.09	0.93	75
	分支河道	N/A	N/A	N/A	0.05	0.16	0.68	75
	分支河口坝	0.1	0.25	2.76	0.06	0.12	1.26	164
	湖相沉积	0.02	0.11	3.51	0.02	0.09	1.64	500
Atchafalayak 三角洲	分支河道	N/A	N/A	N/A	0.07	0.09	1.78	51
	分支河口坝	0.44	2.05	3.43	0.26	1.05	2.07	14
Wax 湖三角洲	分支河道	N/A	N/A	N/A	0.03	0.12	0.78	102
	分支河口坝	0.16	0.57	4.94	0.09	0.41	1.33	64
西三角洲	分支河道	N/A	N/A	N/A	0.06	0.22	1.22	73
Gubits Gap 三角洲	分支河道	0.15	0.17	2.61	0.08	0.16	2.14	46

Reynolds(1999)对古代河口坝砂体的编制报告显示出更大的河口坝规模。他的研究显示河口坝砂体宽度范围为 1.1~1.14km，长度在 2.6~9.6km。砂体平均宽 3km，长 6km。Reynolds 认为河口坝长度是宽度的两倍。古代河口坝砂体平均值相对于现代河口坝地貌上的平均值显得更大，说明现代地貌上观察到的河口坝正处于生长阶段，其规模会长得更大（图 5-15）。

前人通过大量露头研究发现，单一河口坝长度、宽度、厚度具有较好的相关性（图 5-16），应用河口坝厚度可大致预测砂体规模。研究区单一河口坝厚度在 3.5~12.0m，根据经验公式计算得长度为 3.42~5.21km，宽度为 2.16~3km。

利用多方向水平井孔隙度资料，求取并拟合了平面储层变差函数。结合直井变差函数分析认为，直井垂向变程平均为 1.2m（图 5-17），代表了单个河口沙坝的垂直厚度，水平井平面长轴主变程为 24~36m，短轴次变程为 8~16m，分别代表了单个河口沙坝的平面长度和宽度；长轴主变程与短轴次变程比为 2:1 到 3:1 之间，平面长轴主变程与垂直变程之比为 20:1 到 30:1 之间，短轴次变程与垂直变程之比为 6:1 到 13:1 之间。可以看出根据此方法得到的河口坝长宽数据明显偏小。

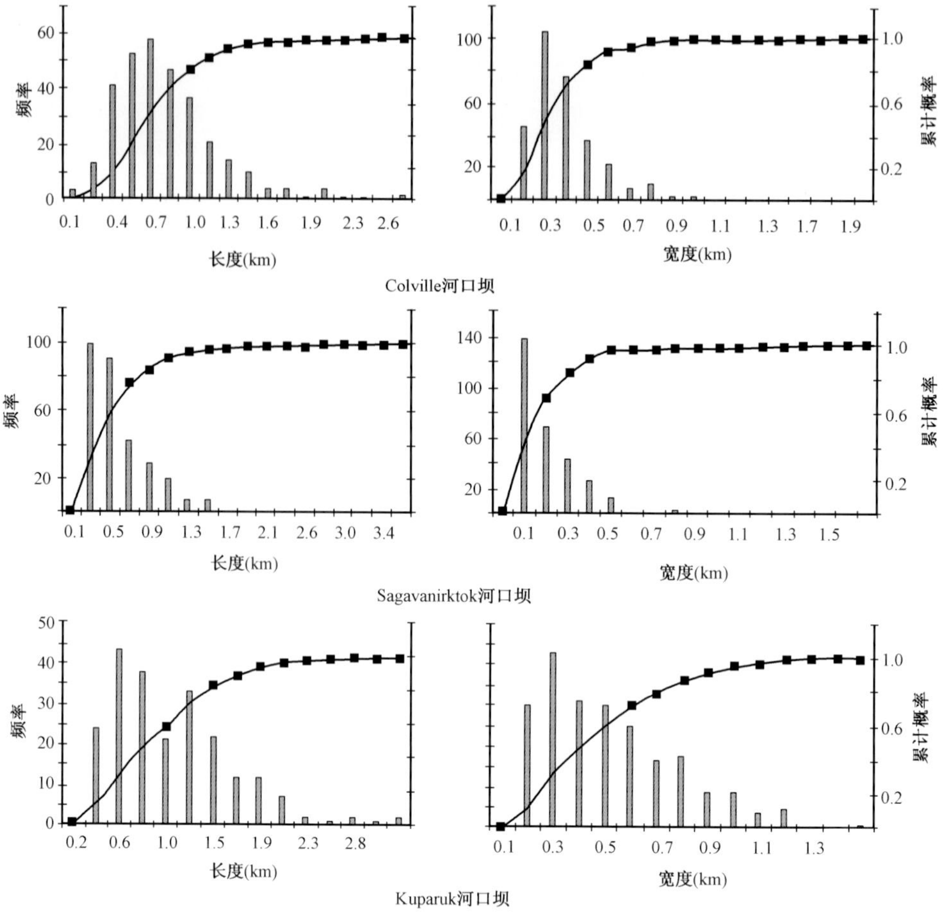

图 5-14 现代河口坝沉积长宽直方图

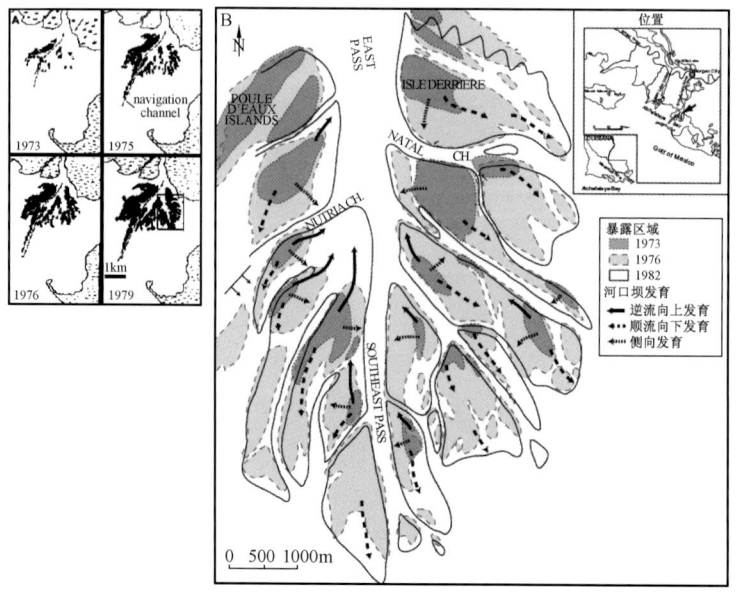

图 5-15 美国密西西比河三角洲 Atchafalaya 湾河口坝生长示意图

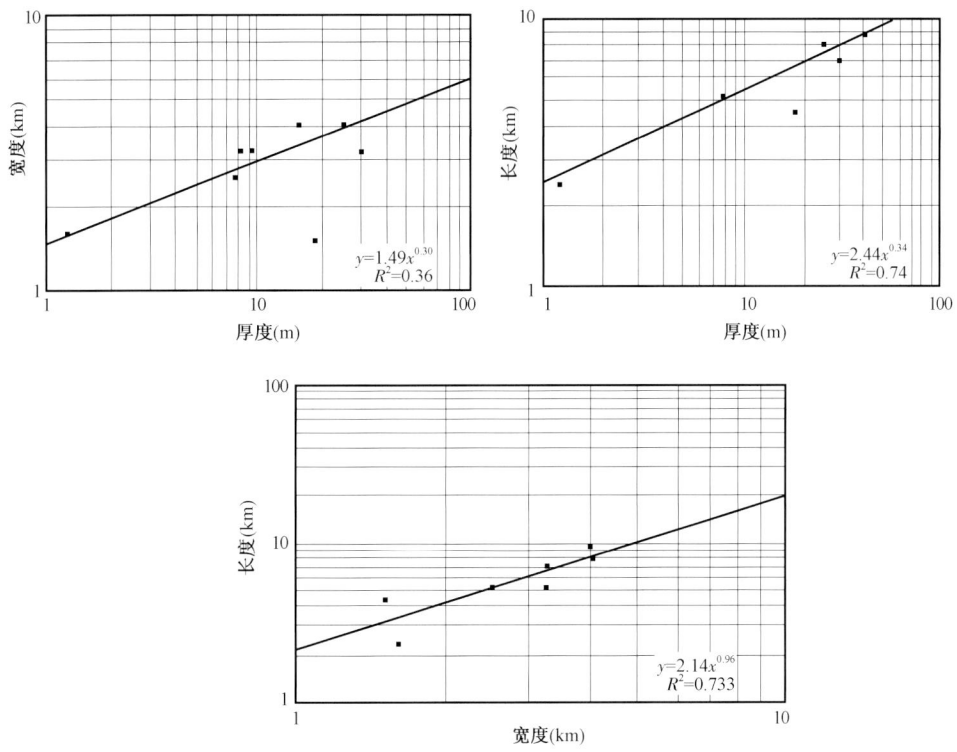

图 5-16 河控三角洲河口坝宽度、厚度、长度定量关系图

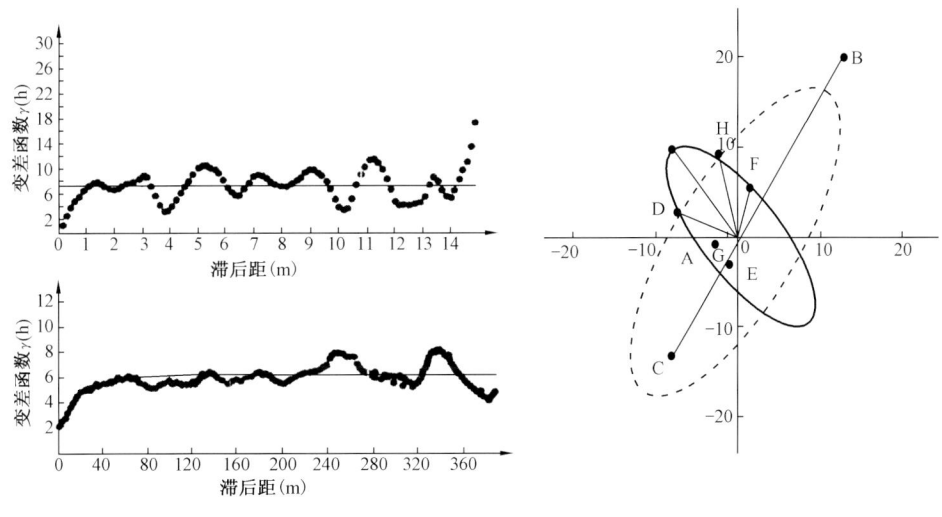

图 5-17 水平井孔隙度资料确定河口坝长宽

5.4.2 模拟实验河口坝定量规模

不同学者从不同角度对研究区河口坝长宽数据进行研究,得到的结果数量相差悬殊,达到 2 个数量级,说明对河口坝实际规模的认识还存在争议。

在水槽模拟条件下,以平面比例尺 1∶1000、垂向比例尺 1∶200 模拟胜陀油田二区沙二段 8 砂层组三角洲沉积,统计实验过程中可识别的较大河口坝,可识别第二沉积期河口坝 44 个,第三沉积期 42 个,并获得其长宽数据(图 5-18)。根据第二和第三沉积期河口坝平面分布图,河口坝长介于 45~210cm,宽介于 30~150cm,平均长为 127cm,宽 76cm(图 5-19),长宽相关性较好,$R^2=0.6259$(图 5-20)。经比例尺换算,得到河口坝平均长度为 1.27km,宽为 0.76km,大于利用多方向水平井孔隙度资料获得的研究区河口坝长宽,且小于利用厚度预测的长宽,介于两者之间,可信度较高。

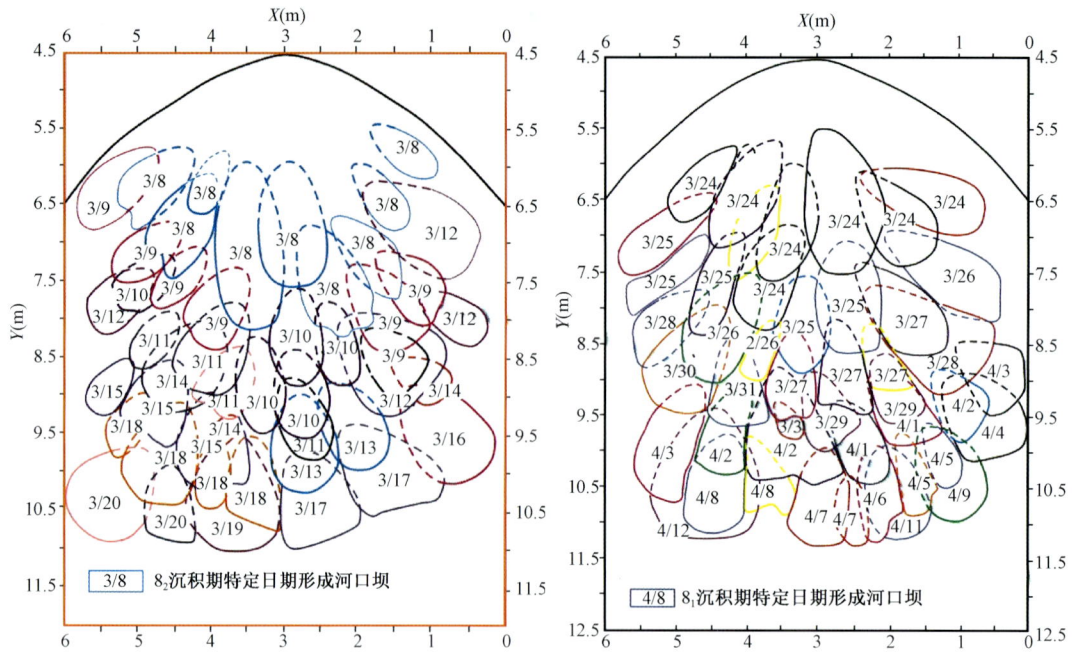

图 5-18　第二沉积期和第三沉积期河口坝平面分布图

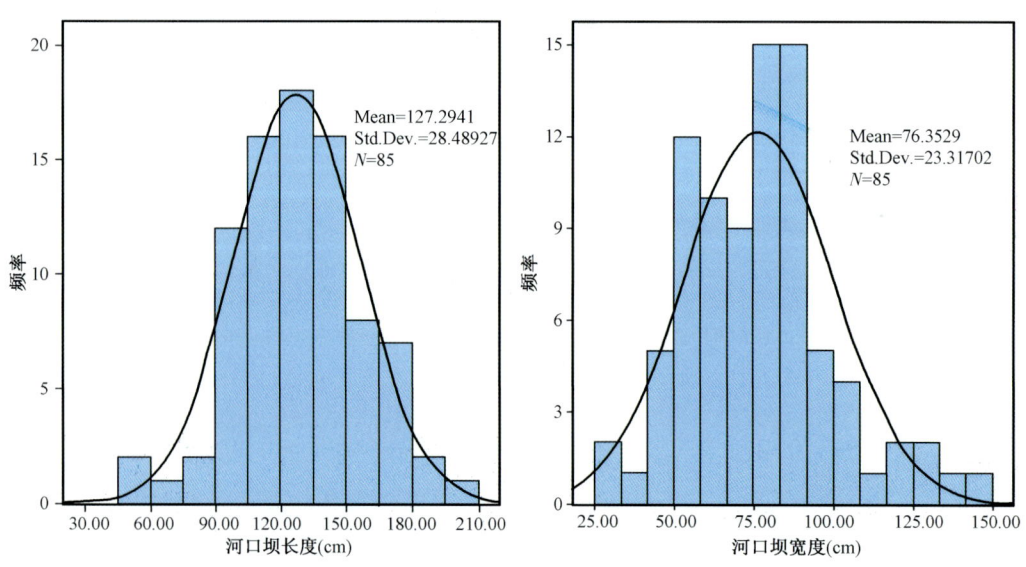

图 5-19　河口坝长度和宽度直方图

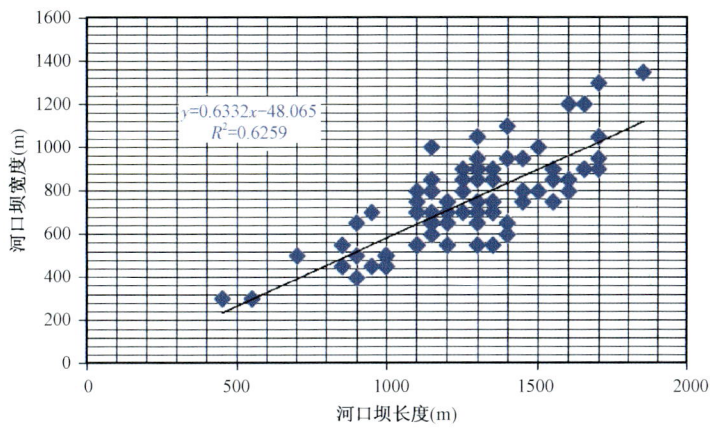

图 5-20　河口坝宽度、长度定量关系图

河口坝的厚度主要取决于河口坝沉积时的水体深度,对胜二区沙二段8砂层组沉积模拟实验剖面观察发现,三角洲推进距离越远,河口坝厚度越厚,厚度分布在6.3~23.2cm之间(表5-3)。第二沉积期沉积砂体越过第一沉积期后,其形成的河口坝厚度明显增加,同样第三沉积期越过第二沉积期后的河口坝厚度也明显增加。河口坝长度和宽度与厚度的相关性相对较差,因为三个沉积期河口坝平面规模相差无几,但由于三个沉积期沉积水深不同,导致的河口坝厚度出现三个集中分布范围,最终影响河口坝整体长厚比和宽厚比的相关性(图5-21,图5-22)。

表 5-3　胜二区沙二段8砂层组沉积模拟实验三期河口坝厚度图

期次 \ Y(m)	6	7	8	9	10	10.25	10.5	10.75	11
第一期河口坝厚度(cm)	6	7.5	9	9.1	9.8	7			
第二期河口坝厚度(cm)	5.1	5.7	7	7.1	7.2	11.2	12	13	
第三期河口坝厚度(cm)	5.2	5.2	7.4	8.2	8.5	9.5	9.5	13	21

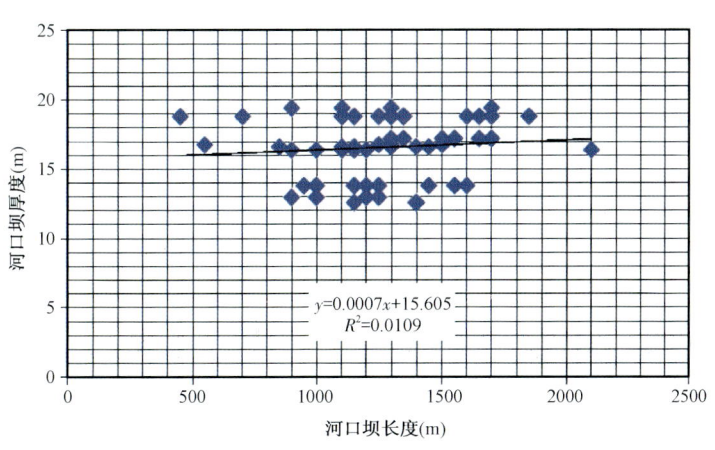

图 5-21　河口坝厚度、长度定量关系图

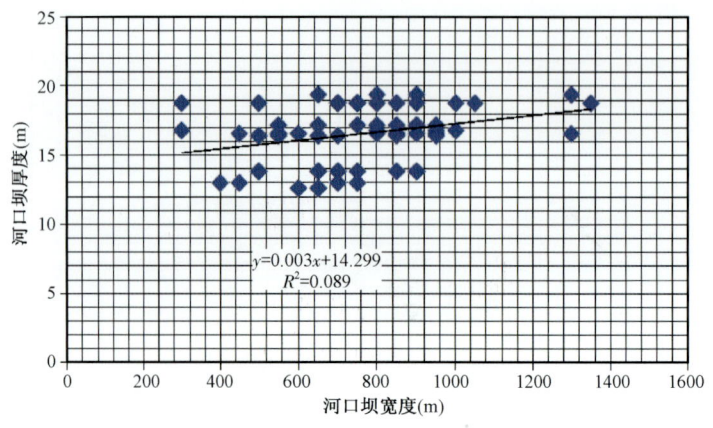

图 5-22 河口坝厚度、宽度定量关系图

5.4.3 河口坝定量关系应用

利用河口坝长度、宽度、厚度数据,建立长度、宽度、厚度关系,辅助识别判断工区单一河口坝边界。实验得出河口坝长度、宽度关系和长度、厚度关系比较好(图 5-23),其中长度、厚度关系中厚度数据,去除了因第二沉积期覆盖第一沉积期,第三沉积期覆盖第二沉积期后水深突然增加造成的河口坝厚度突然增加数据,而长度、宽度关系加入了现代沉积数据(图 5-24)。利用河口坝长度、厚度关系,根据工区钻井资料得出的河口坝厚度数据,确定河口坝长度;再利用河口坝长度、宽度关系,确定河口坝宽度,以此辅助判断单一河口坝边界(图 5-25)。

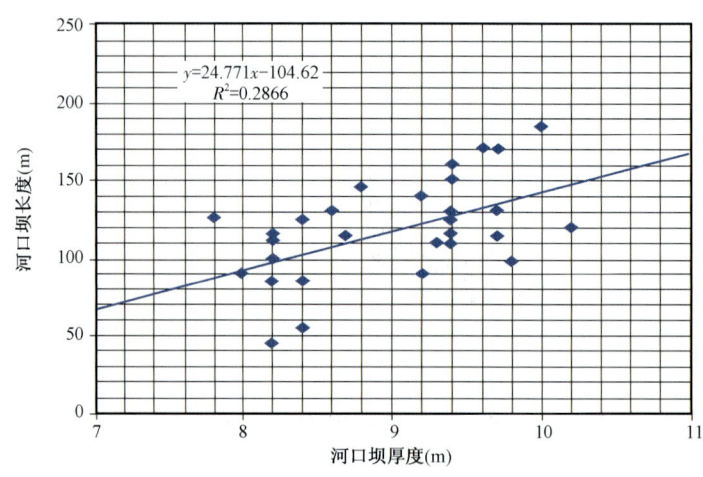

图 5-23 河口坝厚度、长度定量关系图

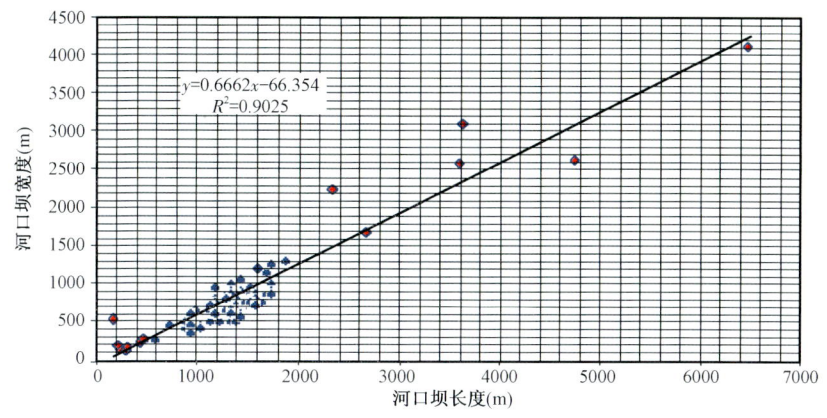

图 5-24　加入现代沉积数据的河口坝宽度、长度定量关系图

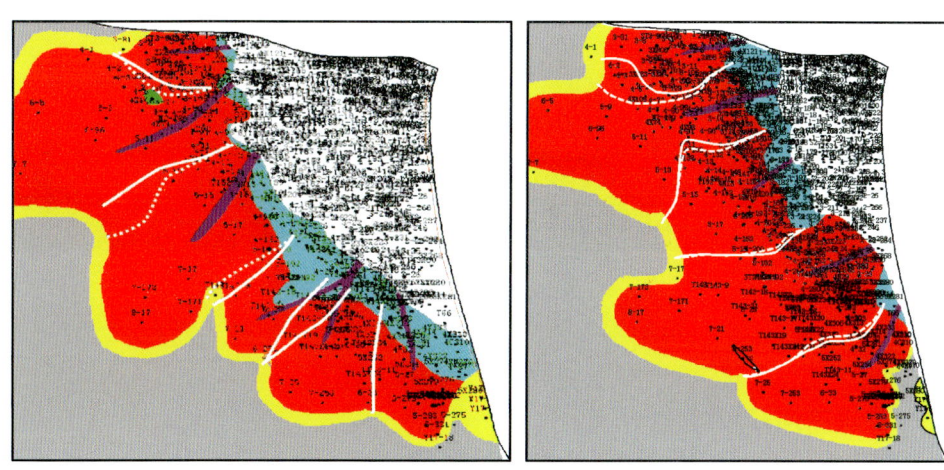

图 5-25　河口坝数据关系辅助判断河口坝边界

5.5　河口坝构型模式

复合河口坝砂体在平面上基本成席状大面积展布,其内部是由多个成因单元(沉积微相)构成,因此复合河口坝这一规模的构型特征不能反映砂体内部成因单元级的非均质性。因此,有必要对复合河口坝进行解剖,深入开展单一河口坝的划分研究。4 级界面所限定的构型单元,垂向上 4 级界面相当于韵律层的界面,而平面上为单一河口坝的侧向界面。

5.5.1　单河道河口坝模式

单河道河口坝模式是指由单一分流河道携带沉积物在河流入湖的河口附近,由于湖底坡度减缓,水流分散,流速突然降低,大量底负载物质便堆积下来,形成河口沙坝。图 5-26 为单河道摆动形成的复合坝模式,此种河口坝沉积是由于单河道摆动改道,在先前形成的河口坝侧翼形成新的河口坝,两个河口坝拼合在一起。在垂直物源方向的剖面上坝体呈叠置状态(图 5-26,图 5-27)。

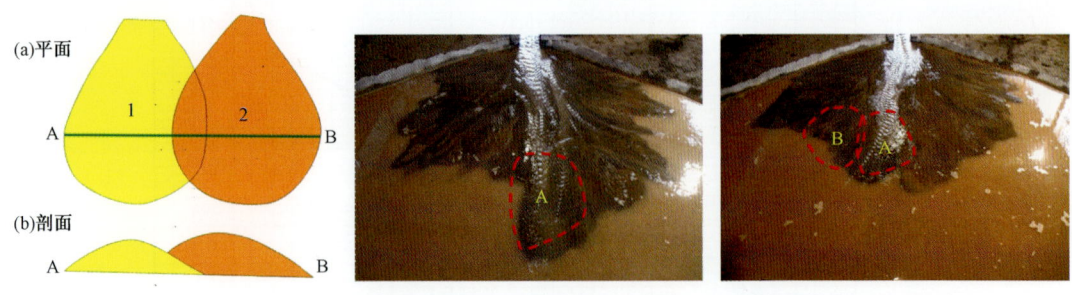

图 5-26 单河道发育复合坝模式图及沉积实验表现

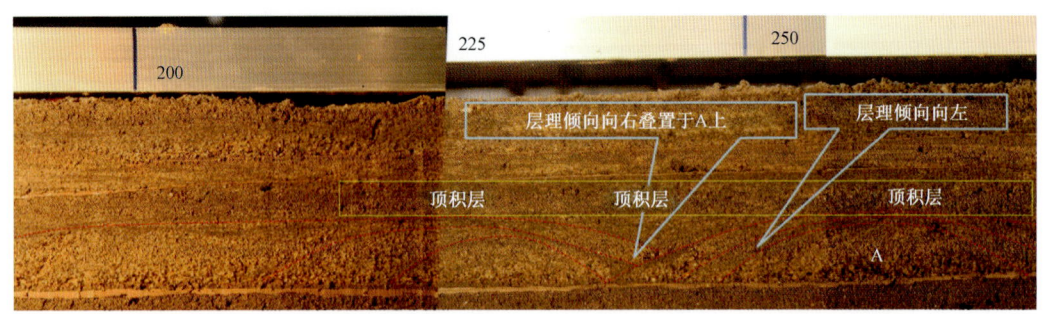

图 5-27 单河道发育复合坝的剖面图解

5.5.2 多河道河口坝模式

多河道河口坝是由多条河道同时向湖盆输送沉积物形成的。每条河道都可以形成单道河口坝,当两条河道距离相近时,两条河道形成的河口坝自然地拼合在一起,形成多河道拼合坝(图 5-28)。平面上坝体连片发育,在垂直物源方向上仍然表现为河口坝的叠置(图 5-29)。

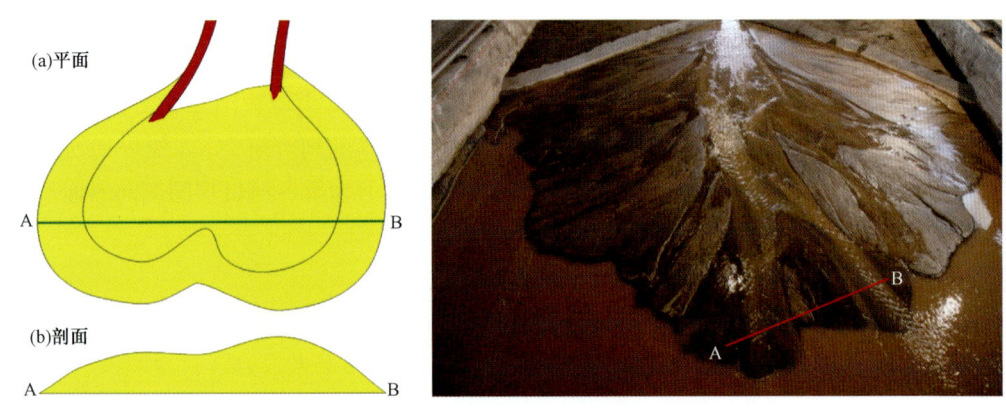

图 5-28 多河道拼合河口坝模式图及沉积实验表现

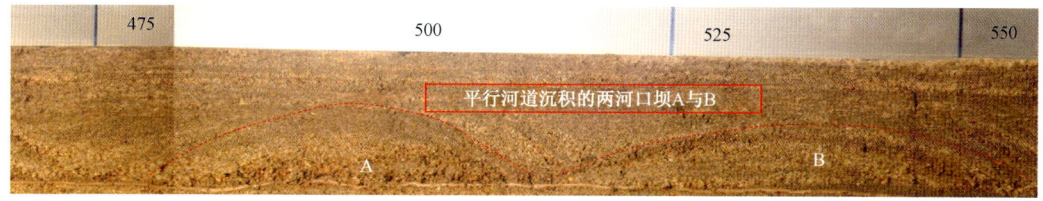

图 5-29 多河道同时发育河口坝的剖面图解

第6章 地质知识库概述

6.1 地质知识库的含义

井间储层预测是油藏描述的重要内容,也是主要的难点之一。由于井间小尺度信息的缺乏,导致了井间储层预测存在较大的不确定性。为了降低井间储层预测的不确定性,在进行储层描述和建模时首先需要利用野外露头、现代沉积、密井网区解剖以及沉积模拟实验等手段提供参考信息,降低井间储层预测的不确定性。尹太举等(1997)对双河油田密井网进行解剖,利用岩心和测井曲线建立地质知识库,所建立的地质知识库用于确定性建模;贾爱林等(2000)通过对一个扇三角洲储层露头的详细解剖探索了一条储层露头精细描述的技术路线,建立了该类储集体的原型模型和储层地质知识库,该成果为密井网区储层砂体井间预测提供了指导作用(何文祥等,2004);李少华等(2006)利用露头、成熟油田和沉积模拟实验建立原型模型,从而借助原型模型获取无法直接得到的建模参数;岳大力等(2007)利用卫星照片资料(现代沉积)推算出点坝长度和河流满岸宽度之间的经验公式,并用于识别研究区的点坝;石书缘等(2012)基于 Google Earth 软件建立曲流河地质知识库,并建议建立定量化曲流河地质知识库系统。以上研究工作说明建立储层地质知识库是进行储层精细化、定量化研究中不可或缺的一个环节,而其研究手段就是对野外露头、现代沉积或密井网区进行解剖。这些来源于大比例尺测量的数据构成了地质知识库的数据来源。因此,地质知识库可以理解为经过大量研究,高度概括和总结出的能定性或定量表征不同成因类型储层地质特征其具有普遍意义的参数,包括能定量表征各类砂体成因单元(或流动体单元)的几何特征、空间分布特征、边界条件和物性特征的参数以及定性、定量表征各种沉积模式,这些信息(知识)可以直接作为输入参数进行储层随机建模,或为某些参数的确定、模拟方法的选择、实现选取及结果的检验提供数据或者地质依据。

6.2 地质知识库的作用

储层地质模型的建立是现代油藏描述的重点和难点,而储层地质知识库的建立则是储层建模中一项十分重要的基础工作。在井下资料缺乏的地区,一般很难把握储层性质和参数的地质统计特征,在这种情况下,必须通过地质类比分析,借助原型模型完善储层地质知识库,为建模提供比较合理的参数,约束建模过程,并验证模拟结果。

地质知识库的强大与否取决于以下三个方面。

(1)一个知识库的基本性能由它的基本单元所确定,根据工作需要确定每个基本单元所要存储的数据内容。存贮数据的选择应遵循以下的原则:一方面要把尽可能多的资料都存贮进去,以满足各方面不同的检索需要;另一方面数据内容又不能过于庞大和复杂,对数据的归纳和整理,总结出一套合适的参数设定,以最简单的方式,输入最多和最直接的数据。

(2)一个知识库建立后是否有生命力,主要根据其使用范围、使用频率及使用价值来衡量,对于一个地质知识库来说就是要以能为地质服务的程度来衡量,这在建立知识库前所进行的系统分析和可行性研究中就应当加以充分考虑。

(3)知识库要制定同一的地质资料数据的规格标准,如地质实体定位、分类方法、术语标准化。

6.3 地质知识库的内容

如图6-1所示,前人主要通过对野外露头、密井网区和现代沉积进行精细解剖,获取原始数据并建立起对应的原型模型,从中提取用于指导约束建模的有用知识(李少华等,2004)。露头的精细解剖主要通过对露头的详细描述、测量、取样、分析、钻浅井及地面雷达等多种手段的详细解剖,得到砂体的几何形态和分布规律、砂体内部孔隙度、渗透率的分布规律,为相似环境中的地下储层精细建模提供类比。密井网解剖主要是指在开发中后期,井网密度较大的情况下,根据岩心和测井曲线建立储层地质模型,内容包括:一维的砂体密度、频次、厚度、上下岩相;二维的砂体宽度(长度)、宽厚比、对称系数、左右岩相。现代沉积解剖主要是指对现代河流进行沉积考察或开展相应的水槽模拟实验,在此基础上建立各种河流相的沉积模式。

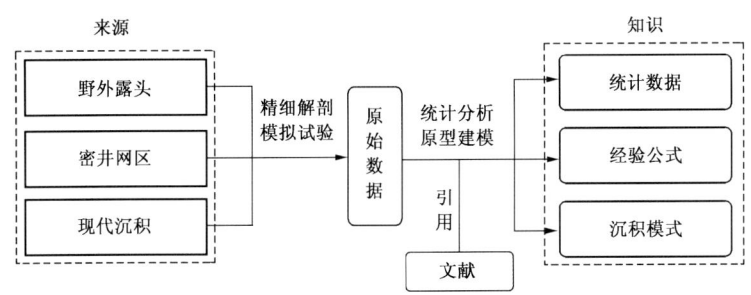

图6-1 储层地质知识库建库流程

可见,野外露头、密井网区和现代沉积是储层地质知识库的主要数据源,从中提取的各种原始参数构成了知识库的原始数据;通过对这些原始数据的地质统计分析及原型建模可获得各种统计数据、经验公式和沉积模式,从而建立用于指导储层精细建模的地质知识库。除了以上四种基本内容外,还应考虑参考文献中的相关地质知识。长期的地质知识库的研究工作产生了大量的科技论文、研究报告和专著等资料,这些文献中记载了大量的地质知识,且一般跟具体的应用相结合,因此具有很强的实用价值。然而由于历史的原因,当初为了获取这些地质知识而花费了大量人力、物力和财力才采集到的相关原始数据很可能已丢失,这就使得这些文献中所蕴含的地质知识显得更加宝贵,更需要对其进行整理和保存。所以,在构建地质知识库软件系统时,也应该将参考文献作为一种重要内容,专门对其管理和保存,并向用户提供有效的应用手段。

6.4 地质知识库软件

长期的生产和研究过程中积累了大量的野外露头、现代沉积、密井网区等地质知识资料,这些资料中记载的各种统计数据、经验公式和沉积模式构成了地质知识库的基础。相应地,传统的地质知识库建立方法主要有:密井网解剖、露头解剖、现代沉积解剖和沉积模拟实验四种(石书缘等,2012)。密井网解剖主要是指在开发中后期,井网密度较大的情况下,根据岩心和测井曲线建立储层地质模型。该方法可获得一维的砂体密度、频次、厚度、上下岩相;二维的砂体宽度(长度)、宽厚比、对称系数、左右岩相等参数,所得知识库适应于建立确定性模型(尹太举等,1997)。露头的精细解剖是建立储层地质模型最常用的方法。该方法主要通过对露头的详细描述、测量、取样分析、钻浅井及地面雷达等多种手段的详细解剖,可以得到砂体的几何形态和分布规律、砂体内部孔隙度、渗透率的分布规律,并为相似环境中的地下储层构型提供类比(贾爱林等,2000;李少华等,2006)。该方法建立的模型很精确,但是建立的露头区地质知识库的实际应用范围受限,需要考虑地下构型研究区的相似程度才能决定能否用其作为指导预测的工具。现代沉积解剖考察,主要是指对现代河流进行沉积考察,在此基础上,建立各种河流相的沉积模式,并分析其中单剖面的沉积现象及特征该方法建立的模式形象逼真,具有直观性、完整性和精确性,便于作大比例尺研究,但能够看到的现代沉积范围有限,得到的模式可能以偏盖全。在国外,有各种沉积相类型的水槽模拟实验,而在国内,仅长江大学湖盆沉积模拟实验室进行相关实验(张春生等,2003,2004)。实验首先需进行现代沉积考察,在此基础上进行实验设计,得到重要的基础数据,进而建立起储层地质模型。其中,实验设计主要有自然模型法和比尺模型法两种。该方法的主要优点在于建立储层模型的成本低,测量简便(可随意切片取样),对沉积过程记录详细,成因机理明确,对沉积学的研究及其在确定储层宏观分布规律上具有直观性。缺点是过于理想化,简化了地质过程(如,在做三角洲模拟实验时不考虑波浪作用),难以评价储层物性参数,在具体的油田实例中应用也存在局限性,其建立的模型无法进行成岩过程模拟,无法得到地下储层真实物性数据。

由以上传统方式建立的地质知识库主要存在以下几个方面不足:(1)没有统一的建库标准,不易实现地质信息的共享与扩展;(2)不能反映储层内部各级次结构单元的相互关系;(3)难以实现对不同来源信息的快速查询与综合;(4)无法给出三维的概念模式。因此,急需功能完善、界面友好、安全稳定的地质知识库软件系统,为油藏地质精细描述与研究提供地质知识,进而更好地为剩余油挖潜、提高采收率服务。

如图6-2所示,通过对地质知识库的定义、内容及作用的深入分析,认为一套完备的地质知识库软件系统应包括原始数据、统计数据、经验公式、训练图像和文献资料五类信息。可在关系数据库技术的支持下采用多媒体数据存储技术分别建库,存储包含表格、文档、图片、公式和数据体在内的各种不同形式的地质知识图文数据,并提供各类数据的采集、存储、管理、查询、分析和输出功能,从而构成包括原始数据库、统计数据库、经验公式库、训练图像库和文献资料库五个子库的地质知识库软件系统。

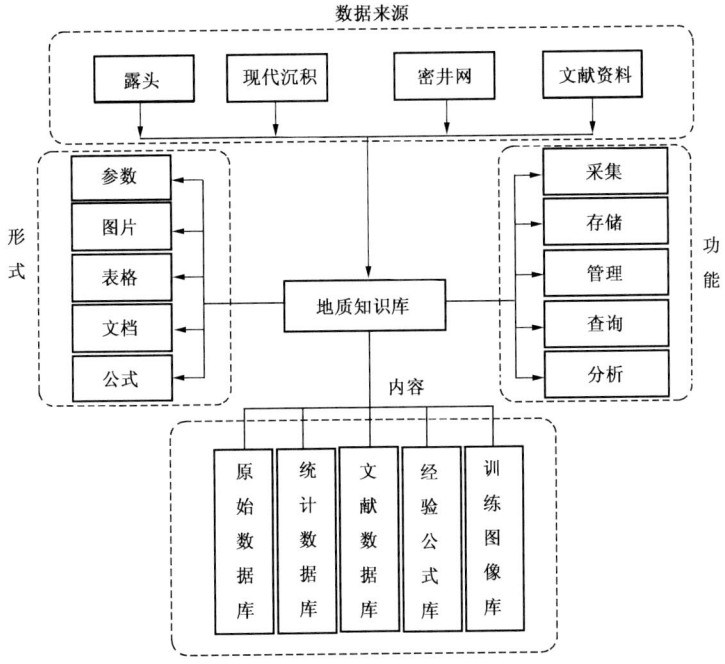

图6-2 地质知识库概念框架

第7章 地质知识库数据来源

7.1 地 质 露 头

利用露头调查建立地质知识库,国内和国外的学者已经作了不少的工作。通过对露头的详细描述、测量、取样分析、钻浅井及地面雷达等多种手段的详细解剖,可以得到关于砂体的几何形态、分布规律及其内部孔隙度、渗透率的分布规律,这样获得的信息真实可靠,而且精度很高。可以为相似沉积环境下地下建模提供十分有用的信息。

这里主要介绍笔者在青海油砂山进行露头调查和储层地质模型研究的主要方法及部分成果。在研究中通过对露头区砂体进行详细的描述和对比建立油田储层的原型模型,它的建立是在地面测量的九个平行的柱状剖面基础上进行的,同时参考了镶嵌照片和砂体实测的数据。

7.1.1 原型剖面模型的恢复方法

通过下述校正和恢复,可以得到砂体骨架原型剖面模型(图 7-1)。

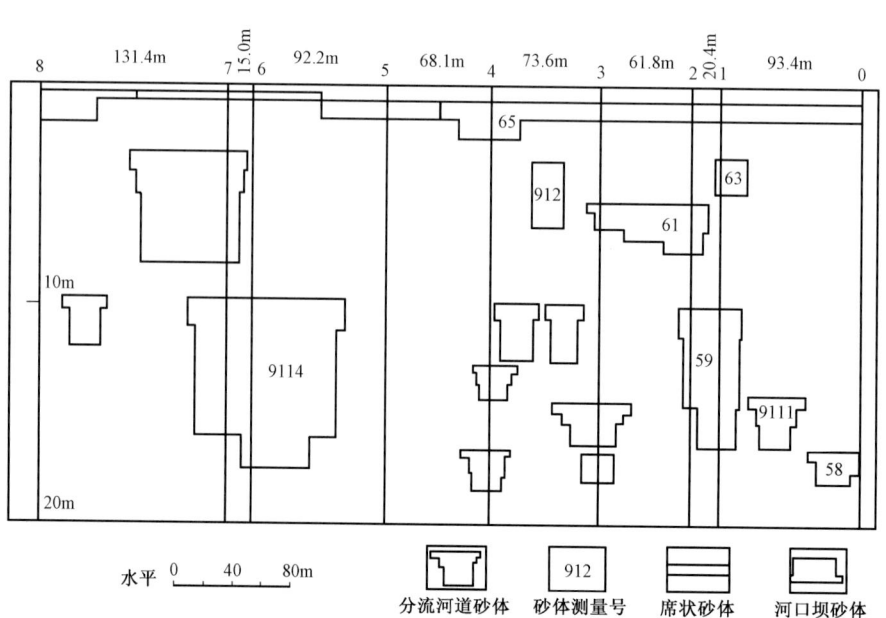

图 7-1 地面露头砂体骨架原型剖面模型

(1)将 9 个柱状剖面校正到垂直河道总体方向(NE6°)的横剖面位置上;
(2)将 9 个剖面上对比出的各分流河道砂体、席状砂体、河口坝砂体的延伸宽度按各点校正的角度校正到 NE6°横剖面上;

(3)各柱状剖面之间的砂体是根据镶嵌照片和实际测量的砂体的实际位置和大小插入到剖面之间。在测量 9 个柱状剖面时,由于剖面之间有一定间隔距离,在这个间隔内仍有一些砂体遗漏,要通过砂体的测量和镶嵌照片按砂体的实际位置和大小插入到柱状剖面之间。

7.1.2 原型模型的参数统计

在原型模型中可统计下列参数:(1)砂体面积比;(2)不同厚度砂体的面积百分比(表 7-1);(3)各柱状剖面砂体数的统计平均数,统计每个柱状剖面大于等于 1m 的分流河道砂体、河口坝砂体和席状砂砂体数,其平均为 5.4 个砂体数;(4)统计不同厚度砂体占砂体总数的百分比,即不同厚度砂体出现的概率(表 7-1);(5)统计各柱状剖面的 NGR 值,对原型模型中 9 条垂向柱状剖面的 NGR(垂向上砂岩厚度与地层厚度之比)进行统计(表 7-2)。以此可作为随后的地下砂体骨架横剖面预测模型建模中内插砂体的定量依据。

表 7-1 不同厚度砂体面积、面积比和出现概率

砂体厚度(m)	砂体个数	砂体面积(m²)	面积百分比(%)	概率(%)
1~2	19	784.1	14.6	45.2
2~3	12	1326.4	24.7	28.5
3~4	7	1761.5	32.8	16.7
4~5	2	682.4	12.7	4.8
>5	2	816.3	15.2	4.8
总计	42	5370.7	100	100

表 7-2 九条剖面的 NGR 统计表

剖面号	0	1	2	3	4	5	6	7	8	平均
≥1m 砂岩厚度	8.5	15.6	16.9	13.6	12.2	5.9	17.0	13.2	10.2	
NGR(%)	14.4	26.7	27.3	23.7	20.9	10.3	28.2	21.1	16.1	21.0
≥0.5m 砂岩厚度	10.1	20.3	18.7	16.1	16.2	8.7	19.6	16.2	16.5	
NGR(%)	17.1	34.7	30.2	28.1	27.5	15.3	32.5	25.9	26.1	26.4

7.2 现代沉积

通过对现代沉积的研究,可以建立相应储层的原型模型,获取建模所需的知识。例如,Deutsch 通过在空中对现代河流沉积的几何形态进行观察,建立了河流储层基于目标的层次模型。图 7-2 是利用 google earth 的卫星照片对曲流河点坝进行测量,进而获取相关定量信息。

对　　　　象	海　拉　尔	
测量工具	Google　Earth	
点　　　坝	视点高度	4.50km
河道宽度　　　0.18km	备注：	
点坝直径　　　0.45km		
点坝半径　　　0.54km		
河道振幅　　　2km		
弯曲度（弧长/弦长）　3.22		
涡流坝宽　　　0.05km		
串沟宽　　　　0.05km		
加积次数　　　11		
河道波长　　　1.2km		

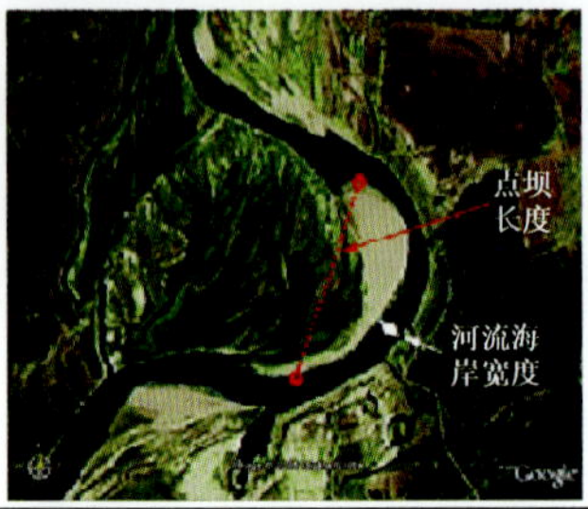

图 7-2　测量资料

7.3　密井网解剖

在研究区周边缺少出露较好可以类比的露头情况下，在研究区内的密井网区，或是可以类比的开发成熟油田，也可以建立原型模型，只不过精确度比露头或现代沉积低，但可用于指导相对稀井网区的随机建模研究。这里主要介绍在双河油田利用密井网建立原型模型的主要方法。

双河油田处于开发后期，为了研究剩余油的分布状况，必须对其储层砂体进行解剖，建立精细的地质模型。建模必须有可靠的地质知识库为约束条件。双河油田邻区沉积露头条件太差，比较好的办法是选择密井网进行解剖，从中提取建模所需的地质知识并建库，然后指导储层建模。建库过程可分 4 步：① 选择工区；② 岩电转换；③ 精细对比；④ 建立井下知识库。

7.3.1　工区选择

为建立井下地质知识库而进行详细砂体解剖的工区应具备以下 4 项基本条件：① 沉积背景相同；② 井距比研究区小；③ 具有一定数量的取心井，以便建立可靠的岩电转换关系；④ 构造简单，易于对比。

本研究所选工区为双河油田北块南部，层位与研究的目的区块江河区及双河北块的对应层位都属于扇三角洲扇中至扇缘沉积；小井距对比区井距一般在 200m 以内，研究区井距为 300m 左右；工区内有 2 口取心井；没有大的构造起伏，区内无断层。

7.3.2　岩电转换

岩心可以提供单井详细的地质信息，但取心井（段）较少，不能满足建立详细地质知识库的需要。因此必须利用每口井的测井资料，将测井信息转化为地质信息。通过对岩心及测井曲线的研究,摸索出一套岩电转换的方法,将未取心井段的测井曲线转化为岩性剖面,既方便了对比,又满足了建库的需要。通过对工区及研究区内 8 口取心井的研究,建立岩电转换的关系,在此基础上,对研究区内 53 口未取心井进行了岩电转换。

7.3.3　精细对比

井间对比的精度随井距的减小而提高。一定的井距可以解决一定层次的储层非均质性问题。因此小井距对比(精细对比)非常必要。本研究对井距相对较小的区块进行了详细解剖,并将结果用于井距相对较大的其他区块。

在本次研究中采用旋回对比,以标准层为标志,以扇三角洲沉积机理为指导,并注意到物源的方向,从大到小逐级对比。具体对比中,小层以上的层次沿用油田原有的划分结果,不再重新对比。小层以下的各级砂体重新对比。依据以上原则,共建立了 8 条对比剖面,其中南北向剖面(垂直物源方向)3 条,东西向剖面(垂直湖岸方向)5 条。通过精细对比,基本得到了各级结构要素的展布参数。

7.3.4　建立井下知识库

包括两部分:一维地质参数,包括各级结构要素的频次、密度、厚度分布及上部、下部岩石相(包括总的及单个的)等。密度是指单位地层厚度中某种结构要素的厚度,频次指单位地层厚度中某种结构要素的层数,厚度分布指某种结构要素在各厚度区间的分布情况。二维地质参数,包括 2 个级次(单砂体及岩石相),有 4 个参数:宽度(长度)、宽(长)厚比、对称系数、左右接触关系。这些信息按照适当的格式借助数据库软件保存到数据库中,为储层建模提供依据和参考。

7.4　沉积模拟实验

我国学者如赖志云、张春生等在对现代沉积详细研究的基础上,进行了河流湖泊沉积模拟实验,取得了许多重要的基础数据,为解决油气储层展布形态、规模和储集性能的问题提供了有力的手段。

7.4.1　沉积模拟实验的基本原理

在实验室内开展沉积模拟实验理论研究是沉积学研究的主要手段之一,也是开展定量沉积学研究的重要途径。模拟实验主要采用两种设计方法,即自然模型法和比尺模型法。自然模型法主要用于地质界特别是沉积学界的实验研究之中,而比尺模型法主要用于水利工程部门。

模型试验是建立在相似理论基础之上的,只有模型和原型确实相似时,才能将模型试验的结果引申到原型上去。根据相似理论,模型与原型之间必须具备几何相似、运动相似和动力相似三个基本条件。

自然模型法作为一个新的方法与原型联系起来进行模型设计,首先由维里坎诺夫于 1950 年提出,后来又被许多学者如安德烈也夫、亚罗斯拉夫和罗新斯基等发展完善。它的关键问题在于决定模型比尺。一般来讲,自然模型的比尺是以原型的某些特征值(如河宽、水深、流量、含沙量、沙滩迁移速度等)与模型相应的特征值对比后求得。而在设计模型时由于缺乏模型的各项特征值,因此,可以先将模型小河段看作是小的原型,利用现有的水流运动、泥沙运动以及相互关系式进行初步计算,近似求出模型比尺。然后再在模型中实测各项特征值予以修改比尺。选择比尺时,除按公式计算外,还需要满足一定的条件以免模型与原型间在造床方面有着本质的差别。

7.4.2 取得的部分成果

在储层随机建模中,砂体的几何形态是一个十分重要的参数。然而,由于受井距、地震资料分辨率的限制,很难准确地把握砂体的几何形态。沉积模拟实验的应用能够为不同沉积环境下储层砂体的形态提供一种有效的模拟手段。下面介绍实验取得的含沙河流入湖后砂体形态数据。

实验装置的主体为水槽的水盆,辅助设施为供水供砂系统。水槽长3.5m、宽1.0m、高0.6m,用于模拟河道。水盆长5.0m、宽2.5m、高0.6m,用于模拟湖泊。水盆的底坡分为三段,从水盆入口起,0~1.0m为25‰,1.0~2.0m为20‰,2.0~5.0m为15‰。这种递减的坡度与自然界的实际情况相似。实验中河道的宽度为0.2m,河底坡降为8.47‰。

实验共分为6轮。实验开始前,先在水槽里均匀铺上3cm厚的床沙。6轮放水是独立的,但砂体的发育是连续的。所测得的砂体形态见表7-3。

表7-3 水盆内沙体特征参数表

轮次	最大长度(cm)	最大宽度(cm)	最大厚度(cm)	长宽比	长厚比	宽厚比	砂体底面积(m^2)	纵轴剖面表面坡度(‰)
1	133.5	108	12.1	1.24	11.03	8.93	1.2	-7.5
2	1750	146	13.2	1.19	13.26	11.14	2.1	-7.5
3	1800	177	13.1	1.02	13.74	13.51	2.56	-20
4	1850	191	13.1	0.97	14.12	14.58	2.74	-4.1
5	1850	216	12.8	0.85	14.45	16.95	2.95	-25.0
6	1850	237	12.7	0.78	14.57	18.66	3.24	-46.3

第8章 三角洲知识库软件系统设计

8.1 系统需求分析

8.1.1 数据库管理需求

地质知识库系统的基本需求就是对获取的各类地质知识进行统一管理,因此其首先是一个数据库系统。如前文所述,地质知识库有关数据包括露头和现代沉积的考察资料、密井网解剖成果以及通过前人文献得来的统计数据和经验公式等等。这些数据大多分散于各类文献、报告和原始数据中,要管理维护好这些数据,人工操作起来不仅劳动量大,信息繁琐,还容易出错。这就需要一个能对各种原有的基础信息进行采集、存储、管理的数据库系统,把地质储层有关的沉积模式、地质实体几何形状和规模等信息直观表达,并通过窗口快速、简便地提供给管理者和技术人员。整个系统要确保数据库的一体化结构,保证系统的规范性。要从直接用户和间接用户的需要出发,完成以上数据库的设计,制定储层结构信息的分类及编码标准、数据交换标准以及数据的输入和建库流程标准。

8.1.2 数据操作需求

作为一个数据库应用系统,地质知识库应该能够保证使用人员自由地对数据库中的数据进行操作(如添加、删除、修改等)。在此过程需要针对专业或非专业领域的用户提供相应的数据验证功能,保证用户数据操作的正确性,使之满足数据的完整性需要。同时,还应提供各类不同格式数据的数据接口,可按照用户需求对数据自由导入、导出,从而提高数据操作的效率,促进数据共享。

8.1.3 查询、统计和分析需求

传统的数据库系统均能提供以 SQL 语句为代表的结构化查询功能,这是对地质知识库进行查询、统计和分析的基础功能。但地质知识库中表达的信息均与地质实体相关,具有明显的地理空间概念。为了突出其空间特征,需借助 GIS 技术将各种信息按照地理坐标和空间位置组织起来。这样,除了提供传统的查询方式外,还可提供方便灵活的空间查询工具,使用户便捷地获取需要的地质知识数据,并快速建立起研究区域的空间概念。通过数据的统计分析功能,利用图形、表格的形式可进一步将查询结果生动而灵活的展示出来,以供进一步的分析研究需要。

8.1.4 训练图像库三维可视化需求

系统中包含通过模拟的手段建立的训练图像,例如通过沉积过程模拟技术对储层三维

空间分布进行预测,通过基于目标方法再现储层分布,以此作为三维定量知识库。这种方法方便快捷,并可以建立多个三维数据库,以满足油田具体区块生产需要。系统需要支持训练图像的三维显示,帮助用户获取不同规模、不同类型三角洲储层地质结构知识,从而方便地指导三角洲储层三维建模。

8.1.5 系统稳定性与安全性的需求

在网络环境下,系统的稳定性与安全性的保障是至关重要的。不同部门、不同的用户在系统中应扮演不同的角色,被授予不同的系统使用权限,这种要求几乎是必然的。对于系统的安全性,需要建立完善的数据库安全管理机制,通过系统设置,防止非法人员操作。系统用户的安全管理一般分为两级:(1)系统级:用户需注册登记,并配有口令,每次使用系统时,都需要进行登录(Login),然后输入用户口令(Password),方能进入系统;(2)用户级:系统对用户分类并限定各类用户的系统的访问权限。同时,系统将根据具体需要,建立一套自己备份的安全机制,提供数据维护工具,能经常进行系统数据备份,防止数据损坏,确保数据的安全性。

8.1.6 系统性能的需求

性能要求包括响应时间、吞吐量、处理时间、对主存和外存的限制等。

该系统应具备高度的可靠性。程序设计时应充分考虑容错能力,限制不规范的操作。系统维护时需要满足数据的准确性、一致性和完整性要求。

该系统应具备开放性、可扩展性,以便于系统的不断扩充和完善,以及与储层建模系统的集成。

8.1.7 用户界面的要求

界面美观友好,用户能够方便地使用,做到深入浅出,力求做到不需要特别专业的计算机操作人员就可以正确地操作程序。

8.2 系统结构设计

C/S(Client/Server)模式是基于网络技术发展起来的一种体系结构的信息处理模式,具有较强的信息共享能力。在这种模式中,Client 端处理业务逻辑,可由微机或工作站承担;Server 端负责存储系统的数据、执行空间与属性数据库管理软件、响应 Client 端对数据服务与功能服务的请求。需要在每一个 Client 端安装特定的应用程序,限制了 Client 端的灵活性,而且存在 Client 端跨多平台时不灵活的问题,因此这种结构具有一定的局限性。

B/S(Browser/Server)结构扩展了客户机/服务器的概念,使开发者只需将注意力集中到 Web 服务器端后台应用的开发,省去了客户端前台交互界面软件的开发,上网用户使用通用的 Web 浏览器(如 IE)就可进行信息访问和交流,数据操作和程序运行都在服务器中完成,实现客户端的零安装和零维护。

鉴于 B/S 方式和 C/S 方式各具优缺点,在地质知识库系统研制中,采用 B/S 与 C/S 混合的网络结构模式进行系统结构管理(图8-1),为各部门业务的开展提供可行的解决方案。对于系统管理人员,由于要负责数据更新、备份和系统的管理维护等工作,涉及大量数据的处理,提供C/S模式,以充分利用其具有良好的人/机交互能力,对二维、三维图形数据具有很强的处理和编辑能力,以及对于空间数据的存取效率高的特点,方便用户开展管理工作。

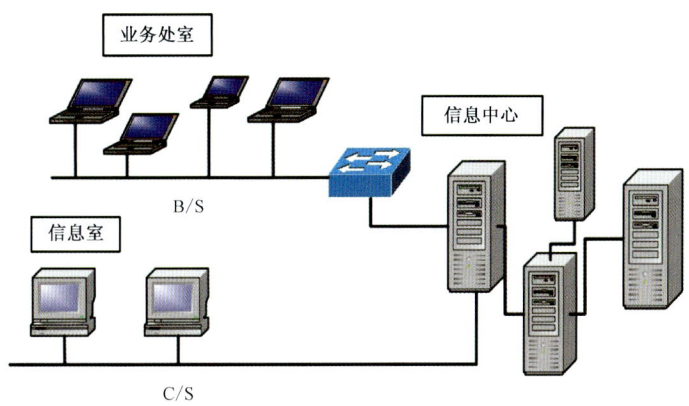

图8-1 系统结构框架图

对于各处室业务人员的日常办公,由于办公地点分布地域广、工作人员的素质差异较大,为其提供B/S模式,通过局域网访问信息中心。这种瘦客户端运行模式,客户机几乎是零安装零维护,可大大减轻系统管理员的工作量。所有日常操作可通过浏览器完成,可大大降低对基层人员的计算机技术要求。

8.3 系统数据库设计

如前面所述,将储层内部结构相关的所有地质知识数据划分为原始数据、统计数据、经验公式、训练图像和文献资料五类,然后分别建立数据库,采用多媒体数据存储技术,存储和管理各种不同来源和形式的图文信息,从而形成由原始数据库、统计数据库、经验公式库、训练图像库和文献资料库构成的五库一体的储层内部结构综合知识库,进而为储层结构建模提供有效参数支持。总体框架如图8-2所示。

原始数据库:由用户从野外露头、现代沉积、密井网区等资料采集的有关储层内部结构不同层次对象的几何形态参数、规模参数、分布范围、描述图件(测井曲线、垂向层序、截面形态)、文字资料(附件)等原始数据的集合,是知识库中的第一手资料。

统计数据库:该子库中的数据有两种来源:一是直接对原始数据库中的数据统计得到,二是通过查阅相关文献,从中提取的各类统计信息。两者融合在一起构成统计数据子库。

经验公式库:由先验数据推导或从前人文献中查阅得到的关于地质知识参数之间相互关系的经验公式的集合。

训练图像库:一种反映地质学家认识的三维图像的集合,可由训练图像模块生成或由其他软件生成后再导入。

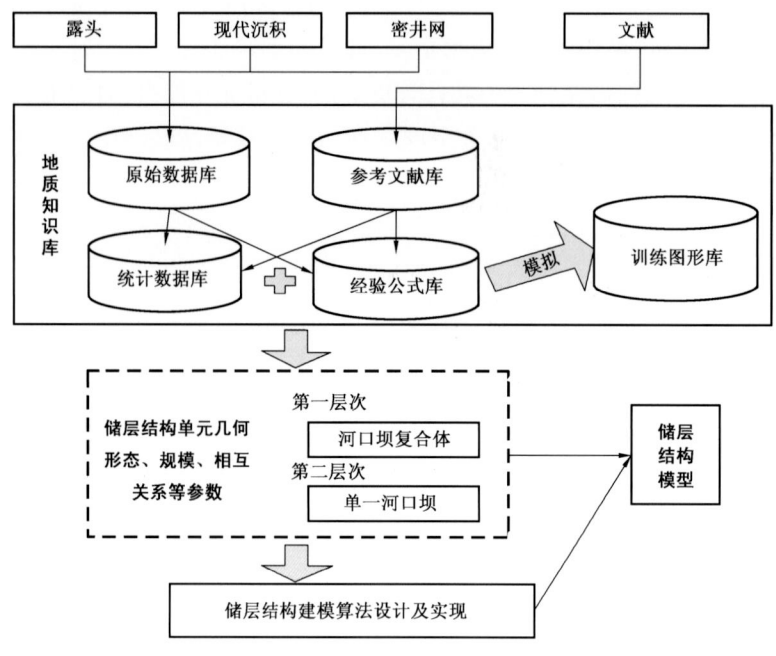

图 8-2 储层地质知识库概念框架

文献资料库：储层地质知识有关的学术论文、学术专著、研究报告、规范标准等参考文档的集合。通过标题、作者、主题、关键字、摘要等字段描述每一篇文献，并分门别类进行管理，方便用户查阅。

8.3.1 三角洲储层地质实体概念分层

三角洲储层是我国东部老油田非常重要的一类油气储层，其内部结构知识库的构建对我国的三角洲储层的精细研究具有十分重要的意义。此处以三角洲储层为例，介绍运用关系数据库技术建立数据库模型，建立集原始数据、统计数据、经验公式、参考文献、训练图像为一体的三角洲储层地质知识数据库。

三角洲储层河口坝内部夹层几何学参数相当复杂，内部隔夹层规模尺度小、非均质性强，其在上游端和下游端、两翼倾向、倾角都不相同，厚度、宽度等分布也很复杂，导致难以应用较为简单的数学公式描述，严重制约和影响河口坝研究深度，妨碍油田采收率提高。因此，建立三角洲储层地质知识库时，对于各种数据的组织应以三角洲沉积模式下所涵盖的三个概念层次为基本框架，对各种地质实体进行分层描述，并建立各个层次之间的关联。如图8-3所示，第一层次包括三角洲平原、三角洲前缘、前三角洲；第二层次包括河口坝、分流河道、分流间湾、远沙坝、席状砂等；第三层次包括坝增生体等；第一层次的三角洲平原内部包含了第二层次的分流河道、分流间湾、陆上天然堤、决口扇、沼泽；第二层次的河口坝内部又包含第三层次的坝增生体对象。

8.3.2 数据库创建

在概念分析的基础上，采用关系数据库设计方法，设计数据库的逻辑结构，并在数据库

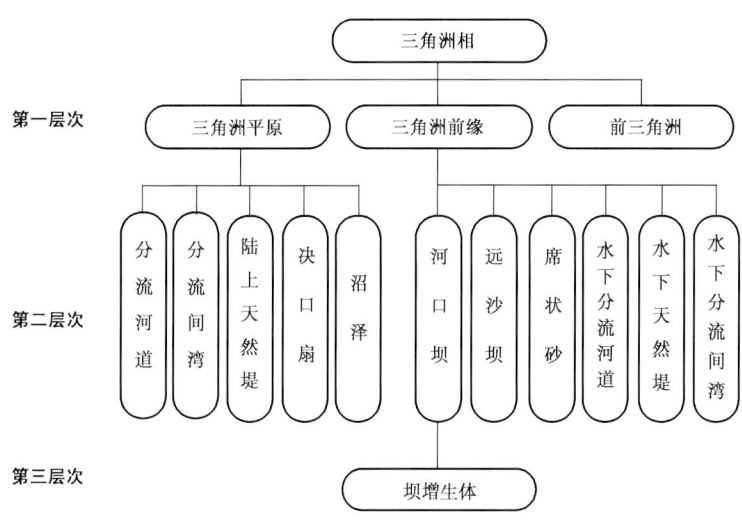

图 8-3 三角洲储层内部结构分层概念模型

设计软件 PowerDesigner 中创建模型,最后在 SQL Server 2005 中建立数据库。

PowerDesigner 是 SyBase 公司的 Case 工具集,使用它可方便地对信息系统进行分析与设计,这个工具集包含 4 个软件模(ProcessAnalyst,DataArchitect, Appmodeler, MetaWorks),覆盖了软件开发生命周期的各个阶段,此处利用 PowerDesigner 对数据库进行设计和建立起到一定的帮助作用。

通过以上数据库的概念设计、逻辑设计及在 PowerDesigner 帮助下的建库工作,创建的主要的数据库表结构如表 8-1 至表 8-21 所示。

表 8-1 三角洲表(Delta)

字段名	中文名	类型	长度	描述
ID	记录号	数字	int	主键,自增字段
User_ID	录入人记录号	数字	int	外键,与对应的录入人关联
Collect_ID	采集记录号	数字	int	外键,与对应的采集信息关联
Name	名称	文本	nchar(20)	生产管理中用于标识三角洲的名称
MinX	最小 X 坐标	数值	float	表示地理位置的最小 X 坐标
MinY	最小 Y 坐标	数值	float	表示地理位置的最小 Y 坐标
MaxX	最大 X 坐标	数值	float	表示地理位置的最大 X 坐标
MaxY	最大 Y 坐标	数值	float	表示地理位置的最大 Y 坐标
Picture	图片	图像	int	描绘图或影像图片,通过与图像表关联获取
Memo	说明	文本	ntext	文字说明
D_Model	沉积模式	图像	int	用户表示沉积模式的图像或地质三维模型数据,通过与图像表关联获取
Attachment	附件	二进制	int	上传的附件(压缩文件),通过与附件表关联获取

表8-2 三角洲亚相(三角洲平原、三角洲前缘、前三角洲)数据表(SubDelta)

字段名	中文名	类型	长度	描述
ID	记录号	数字	int	主键,自增字段
Delta_ID	三角洲记录号	数字	int	外键,与对应三角洲记录的关联
User_ID	录入人记录号	数字	int	外键,与对应的录入人关联
Collect_ID	采集记录号	数字	int	外键,与对应的采集信息关联
Name	名称	文本	nchar(20)	生产管理过程中用于标识单个三角洲亚相对象的名称
Type	类型	数字	int	1—三角洲平原;2—三角洲前缘;3—前三角洲
V_Sequence	垂向层序	图像	int	垂向层序:存储于图像表中,通过ID号关联
Logs	测井曲线	图像	int	测井曲线特征:主要针对密井网解剖的情况,样品对应的典型测井曲线组合,存储于图像表中,通过ID号关联
Cross_Shape	截面形态	图像	int	截面形态:存储于图像表中,通过ID号关联
Attachment	附件	二进制	int	上传的附件(压缩文件),通过与附件表关联获取

表8-3 三角洲微相中具有几何形态的地质实体数据表(MicroDelta)

字段名	中文名	类型	长度	描述
ID	记录号	数字	int	主键,自增字段
SubDelta_ID	三角洲亚相实体记录号	数字	int	外键,与对应三角洲亚相记录的关联
User_ID	录入人记录号	数字	int	外键,与对应的录入人关联
Collect_ID	采集记录号	数字	int	外键,与对应的采集信息关联
Name	名称	文本	nchar(20)	生产管理过程中用于标识单个三角洲亚相对象的名称
Type	类型	数字	int	三角洲微相类型
Shape	形状	数字	int	描述对象的几何形状类型,该类型系统中已经定义
Length	长度	数值	float	通过量测得到的地质实体长度
Width	宽度	数值	float	通过量测得到的地质实体宽度
Thickness	厚度	数值	float	通过量测得到的地质实体厚度
V_Sequence	垂向层序	图像	int	垂向层序:存储于图像表中,通过ID号关联
Logs	测井曲线	图像	int	测井曲线特征:主要针对密井网解剖的情况,样品对应的典型测井曲线组合,存储于图像表中,通过ID号关联
Cross_Shape	截面形态	图像	int	截面形态:存储于图像表中,通过ID号关联
Attachment	附件	二进制	int	上传的附件(压缩文件),通过与附件表关联获取

表 8-4 三角洲微相中具有几何形态的地质实体统计数据表（SMicroDelta）

字段名	中文名	类型	长度	描述
ID	记录号	数字	int	主键,自增字段
User_ID	录入人记录号	数字	int	外键,与对应的录入人关联
Type	微相类型	数字	int	三角洲微相类型
S_Method	统计方式	数字	int	统计数据的类型,两种:1—文献获取,2—系统统计获取
RecordNum	记录数	数字	int	参与统计的原始数据数目
Min_Length	最小长度	数值	float	通过统计得到的地质实体长度最小值
Ave_Length	平均长度	数值	float	通过统计得到的地质实体长度平均值
Max_Length	最大长度	数值	float	通过统计得到的地质实体长度最大值
Min_Width	最小宽度	数值	float	通过统计得到的地质实体宽度最小值
Ave_Width	平均宽度	数值	float	通过统计得到的地质实体宽度平均值
Max_Width	最大宽度	数值	float	通过统计得到的地质实体宽度最大值
Min_Thickness	最小厚度	数值	float	通过统计得到的地质实体厚度最小值
Ave_Thickness	平均厚度	数值	float	通过统计得到的地质实体厚度平均值
Max_Thickness	最大厚度	数值	float	通过统计得到的地质实体厚度最大值
Memo	说明	文本	ntext	关于统计数据来源、方法、用途等的详细说明文字说明

表 8-5 三角洲构型单元地质实体数据表（StructureElement）

字段名	中文名	类型	长度	描述
ID	记录号	数字	int	主键,自增字段
MicroDelta_ID	三角洲构型单元实体记录号	数字	int	外键,与对应三角洲微相对应表关联
User_ID	录入人记录号	数字	int	外键,与对应的录入人关联
Collect_ID	采集记录号	数字	int	外键,与对应的采集信息关联
Name	名称	文本	nchar(20)	生产管理过程中用于标识单个三角洲亚相对象的名称
Type	类型	数字	int	构型单元的类型(坝增生体)
Shape	形状	数字	int	描述对象的几何形状类型,该类型系统中已经定义
Length	长度	数值	float	通过量测得到的地质实体长度
Width	宽度	数值	float	通过量测得到的地质实体宽度
Thickness	厚度	数值	float	通过量测得到的地质实体厚度
V_Sequence	垂向层序	图像	int	垂向层序:存储于图像表中,通过 ID 号关联
Logs	测井曲线	图像	int	测井曲线特征:主要针对密井网解剖的情况,样品对应的典型测井曲线组合,存储于图像表中,通过 ID 号关联

续表

字段名	中文名	类型	长度	描述
Cross_Shape	截面形态	图像	int	截面形态：存储于图像表中，通过 ID 号关联
Attachment	附件	二进制	int	上传的附件(压缩文件)，通过与附件表关联获取

表 8-6 三角洲构型单元地质实体统计数据表（SStructureElement）

字段名	中文名	类型	长度	描述
ID	记录号	数字	int	主键,自增字段
User_ID	录入人记录号	数字	int	外键,与对应的录入人关联
Type	单元类型	数字	int	构型单元的类型(坝增生体)
S_Method	统计方式	数字	int	统计数据的类型,两种:1—文献获取,2—系统统计获取
RecordNum	记录数	数字	int	参与统计的原始数据数目
Min_Length	最小长度	数值	float	通过统计得到的地质实体长度最小值
Ave_Length	平均长度	数值	float	通过统计得到的地质实体长度平均值
Max_Length	最大长度	数值	float	通过统计得到的地质实体长度最大值
Min_Width	最小宽度	数值	float	通过统计得到的地质实体宽度最小值
Ave_Width	平均宽度	数值	float	通过统计得到的地质实体宽度平均值
Max_Width	最大宽度	数值	float	通过统计得到的地质实体宽度最大值
Min_Thickness	最小厚度	数值	float	通过统计得到的地质实体厚度最小值
Ave_Thickness	平均厚度	数值	float	通过统计得到的地质实体厚度平均值
Max_Thickness	最大厚度	数值	float	通过统计得到的地质实体厚度最大值
Memo	说明	文本	ntext	关于统计数据来源、方法、用途等的详细说明文字说明

表 8-7 训练图像数据表（TrainingImage）

字段名	中文名	类型	长度	描述
ID	记录号	数字	int	主键,公式序号,自增字段
User_ID	录入人记录号	数字	int	外键,与对应的录入人关联
Type	类别	数字	nchar(20)	1—导入,2—自动生成
Name	图像名称	文本	nchar(100)	用户为了区分和说明单幅训练图像,对训练图像的命名
File_Name	图像文件名	文本	nchar(100)	导入图像的原始文件名称
Memo	说明	文本	text	对训练图像的详细说明,包括训练图像的来源,如露头照片的数字化、密井网建立的确定性模型,其他人做的典型的模型等;各种参数的设置等
nx	x 网格数	数值	float	nx 表示 x 方向网格个数
ny	y 网格数	数值	float	ny 表示 y 方向网格个数

续表

字段名	中文名	类型	长度	描述
nz	z 网格数	数值	float	nz 表示 z 方向网格个数
xmn	x 原点	数值	float	xmn 代表原点的 x 坐标
ymn	y 原点	数值	float	ymn 代表原点的 y 坐标
zmn	z 原点	数值	float	zmn 代表原点的 z 坐标
xsiz	x 网格大小	数值	float	xsiz 表示 x 方向网格大小
ysiz	y 网格大小	数值	float	ysiz 表示 y 方向网格大小
zsiz	z 网格大小	数值	float	zsiz 表示 z 方向网格大小
Data	数据	二进制	Image	二进制块方式存储的训练图像数据

表 8-8 经验公式数据表(Formula)

字段名	中文名	类型	长度	描述
ID	记录号	数字	int	主键,自增字段
User_ID	录入人记录号	数字	int	外键,与对应的录入人关联
Type	类别	文本	nchar(20)	公式所属类别,宽深比、曲率等
Picture	图片	图像	image	在 Word 中编辑好的公式保存为图像文件进行存储
Meaning	含义	文本	text	公式含义以及其中各个参数的意义的说明
Author	作者	文本	nchar(100)	公式出处文献作者
Quotation	引文	文本	nchar(100)	公式出处文献题名
Program	程序	文本	nchar(100)	公式程序名称

表 8-9 文献资料表(Literature)

字段名	中文名	类型	长度	描述
ID	记录号	数字	int	主键,自增字段
Title	题目	文本	nchar(100)	文献著作的题目
Type	类型	数字	int	文章、专著、报告等
Publication	刊物名称	文本	nchar(100)	刊物名称
First_Author	第一作者	文本	nchar(20)	第一作者名字
Authors	作者	文本	nchar(100)	所有作者名字,名字之间以逗号隔开
Abstract	摘要	文本	text	有关文献的提要
Posted	发表时间	日期	datetime	发表的日期
FileData	文件数据体	二进制	int	本文档附件,与文件表关联

表 8-10 图像表(Image)

字段名	中文名	类型	长度	描述
ID	记录号	数字	int	主键,自增字段
Extension	后缀名	文本	10	图像类型的后缀名

续表

字段名	中文名	类型	长度	描述
Data	图像数据	图像	image	图像二进制数据
File_Name	文件名	文本	nchar(100)	图像文件名
Status	状态	数字	int	1—被引用,2—删除

表8-11 文件表(File)

字段名	中文名	类型	长度	描述
ID	记录号	数字	int	主键,自增字段
Extension	后缀名	文本	10	文件类型的后缀名
Data	文件数据	二进制	varbinary	图像二进制数据
File_Name	文件名	文本	nchar(100)	图像文件名
Status	状态	数字	int	1—被引用,2—删除

表8-12 采集信息表(CollectInfo)

字段名	中文名	类型	长度	描述
ID	记录号	数字	int	主键,自增字段
Start_Time	出发时间	日期	datetime	考察队伍出发时间
End_Time	完成时间	日期	datetime	考察队伍完成时间
Place	地点	文本	nvarchar	考察地点,可以是多个地点,不超过4000个字
Boss	领队	文本	nchar(20)	考察队伍负责人的姓名
Team_Members	参与人员	文本	nvarchar	考察队伍成员名称,多个人名以逗号隔开,不超过4000个字
Task	任务描述	文本	nvarchar	描述任务的一段文字,不超过4000个字
Memo	备注	文本	nvarchar	用于进一步说明考察经过、问题、效果等的说明信息,不超过4000个字

表8-13 系统代码(t_sys_Data)

字段名	中文名	类型	长度	描述
ID	记录号	数字	int	主键,自增字段
DataCode	字典代码	文本	varchar	该系统字典的代码
DataName	字典名称	文本	varchar	该系统字典的名称,用于简单说明该代码的意义
DataDm	字段代码	文本	varchar	字段值的代码
DataMc	字段名称	文本	varchar	字段值的名称,用户简单说明该值的意义
IsUse	是否禁用	逻辑	boolean	该字段目前是否处于活动状态
IsVisble	是否可见	逻辑	boolean	该字段是否可见

表 8-14 用户表(t_sys_User)

字段名	中文名	类型	长度	描述
ID	记录号	数字	int	主键,自增字段
BranchCode	组织机构代码	文本	varchar	
UserName	用户名	文本	varchar	登陆用的用户名
UserPass	密码	文本	varchar	登陆用的密码
UserRealName	真实姓名	文本	varchar	该用户真实姓名
Email	电子邮件	文本	varchar	电子邮件地址
UserPhone	联系电话	文本	varchar	该用户的联系电话
UserLoginDate	最后登录时间	日期	datetime	最后一次登录系统的时间
UserLoginIP	最后登录 IP	文本	varchar	最后一次登录时所用 IP
UserRegDate	注册时间	日期	datetime	该用户注册时间
UseRegIP	注册 IP	文本	varchar	该用户注册时所用 IP
IsUse	是否禁用	逻辑	boolean	该用户目前是否处于活动状态
IsVisble	是否可见	逻辑	boolean	该用户是否可见

表 8-15 管理员表(t_sys_Admin)

字段名	中文名	类型	长度	描述
ID	记录号	数字	int	主键,自增字段
AdminName	管理员名	文本	varchar	登录用的用户名
AdminRealName	真实姓名	文本	varchar	真实姓名
AdminPass	密码	文本	varchar	登录用的密码
AdminGroup	所属分组	文本	varchar	该管理员真实姓名
AdminBranchCode	机构代码	文本	varchar	该管理员所属部门
DisplayOrder	显示顺序	文本	varchar	排序顺序
IsUse	是否禁用	逻辑	boolean	该管理员目前是否处于活动状态
IsVisble	是否可见	逻辑	boolean	该管理员是否可见

表 8-16 组织机构表(t_sys_Branch)

字段名	中文名	类型	长度	描述
ID	记录号	数字	int	主键,自增字段
BranchCode	机构代码	文本	varchar	机构代码,用户区分不同机构
BranchName	机构名称	文本	varchar	机构的名称
PBranchCode	上级机构代码	文本	varchar	该机构上级单位的代码,通过该代码与上级单位关联
BranchLevel	机构等级	文本	varchar	该用户真实姓名
Jglx_DataDm	机构类型	文本	varchar	如,机关单位,办事单位等等
IsUse	是否禁用	逻辑	boolean	该机构目前是否处于活动状态
IsVisble	是否可见	逻辑	boolean	该机构是否可见

表 8-17 角色表(t_sys_Group)

字段名	中文名	类型	长度	描述
ID	记录号	数字	int	主键,自增字段
GroupName	角色名	文本	nvarchar	角色名称,用于区别不同角色
PGroup_ID	描述	文本	nvarchar	对该角色的具体说明
IsUse	是否禁用	逻辑	boolean	该角色目前是否处于活动状态
IsVisble	是否可见	逻辑	boolean	该角色是否可见

表 8-18 功能表(t_sys_Menu)

字段名	中文名	类型	长度	描述
ID	记录号	数字	int	主键,自增字段
Fun_Name	功能名称	文本	nvarchar	功能名称,用于区别不同角色
MenuItem	菜单名称	文本	nvarchar	该功能对应菜单项的名称
Description	描述	文本	nvarchar	对该功能的具体说明
URL	资源地址	文本	nvarchar	B/S 系统中对应的网页地址
Ico	菜单图标	文本	nvarchar	该功能对应菜单项的图标文件
IsExpand	是否展开	逻辑	boolean	该功能对应菜单项是否展开
IsUse	是否禁用	逻辑	boolean	该功能目前是否处于活动状态
IsVisble	是否可见	逻辑	boolean	该功能是否可见

表 8-19 角色功能关系表(t_sys_r_GroupMenu)

字段名	中文名	类型	长度	描述
ID	记录号	数字	int	主键,自增字段
FK_Fun_ID	功能外键	数字	int	与功能实体建立联系
FK__Group_ID	角色外键	数字	int	与角色实体建立联系

表 8-20 用户角色关系表(t_sys_r_UserGroup)

字段名	中文名	类型	长度	描述
ID	记录号	数字	int	主键,自增字段
FK_User_ID	用户外键	数字	int	与用户实体建立联系
FK__Group_ID	角色外键	数字	int	与角色实体建立联系

表 8-21 系统日志表(t_sys_Log)

字段名	中文名	类型	长度	描述
ID	记录号	数字	int	主键,自增字段
User_ID	用户 ID	数字	int	外键,用户记录号
User_IP	用户 IP	文本	nvarchar	用户主机 IP 地址

续表

字段名	中文名	类型	长度	描述
Title	操作名称	文本	nvarchar	执行操作的名称
Time	操作时间	日期	datetime	完成该操作时的时间
Memo	操作描述	文本	nvarchar	操作说明

8.4 系统功能设计

三角洲储层地质知识库系统总体采用 B/S 和 C/S 混合体系结构,分为储层地质知识管理子系统(C/S 模式)和储层地质知识服务子系统(B/S 模式)(图 8-4)。

储层地质知识管理子系统专为系统管理人员设计,采用 C/S 模式,用于提供储层地质知识数据、系统数据、训练图像数据和地理空间数据的编辑、管理、维护以及网络发布等功能,包括储层地质知识数据管理模块、地理空间信息管理模块、经验公式管理模块、文献管理模块、三维训练图像管理模块五个功能模块。

储层地质知识服务子系统为油田各处室普通业务人员设计,采用 B/S 模式,用于提供储层地质知识数据、训练图像、地理空间信息的在线浏览、查询和统计分析功能,可通过油田企业网络面向油田勘探开发专业人员提供地质知识服务,包括储层地质知识数据浏览模块、储层地质知识数据编辑模块、储层地质知识数据查询模块、储层地质知识数据统计分析模块、训练图像浏览模块、地理空间信息浏览模块六个功能模块(图 8-4)。

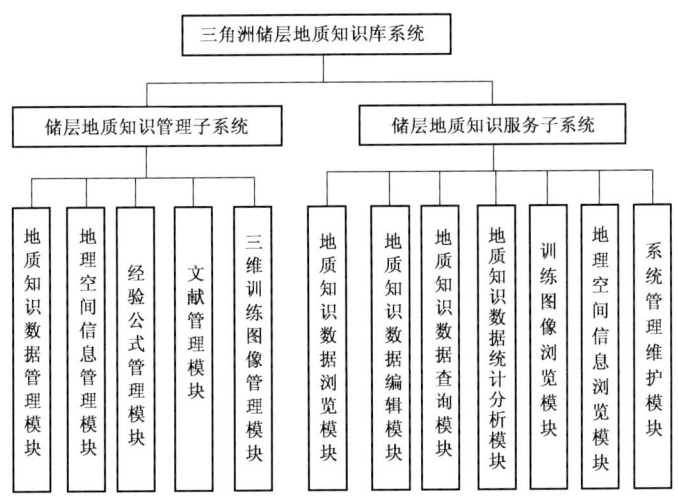

图 8-4 系统功能结构图

8.4.1 储层地质知识据管理子系统

8.4.1.1 储层地质知识数据管理模块

采用数据库技术对描述储层相关的各类信息进行有效的管理,方便快捷地进行各类数据的录入、编辑、更新及维护。

(1)添加记录:向数据库中的表中添加一条记录;

(2)修改记录:修改数据库表中的某条记录;

(3)删除记录:删除数据库表中的符合给定条件的某一条或某一些数据;

(4)数据备份:对整个数据库进行备份;

(5)数据恢复:对整个数据库进行恢复。

8.4.1.2　经验公式管理模块

经验公式是一种特殊形式的地质知识,在存入数据库时,不仅需要考虑其名称、类型、作者、来源等描述信息,更重要的是其公式含义和计算逻辑,这些计算逻辑需要以函数的方式加以实现。为了在不改动主程序的情况下动态载入这种计算逻辑,系统采用插件式应用程序框架实现了系统主程序和经验公式函数之间的接口。这样,用户仅需按照插件框架提供的插件接口实现经验公式插件对象就可不断向经验公式库中添加包含计算逻辑的经验公式。该模块实现了经验公式的录入、浏览、查询和调用等功能。

8.4.1.3　文献管理模块

在储层精细研究中各类学术论文、学术专著、研究报告、技术文档、规范标准都有着重要的参考价值,但他们的查阅是一项耗时费力的工作,且地质专家每次研究过程中对于这些文献资料的认识和提炼都是宝贵的地质知识。因此,需要为之设计专门的文献库,对这些资料及其相关知识进行有效的存储和管理,方便今后查阅,避免重复工作。该模块提供对参考文献的标题、关键词、摘要、作者、出版物、出版时间、文档等数据的录入和更新功能以及文献的查询功能,并向每一位用户提供个性化文档分组功能。

8.4.1.4　三维训练图像管理模块

利用数据库信息约束建模是建立地质知识库的主要目的。系统提供训练图像管理模块,方便用户建立研究区定量概念模型,并建立训练图像库,进而为能够采用多点地质统计学进行模拟计算提供输入参数。

(1)训练图像导入、导出:提供与地质建模软件之间的数据交换接口;

(2)训练图像生成:通过沉积过程模拟技术对储层三维空间分布进行预测,或通过基于目标方法再现储层分布,以此作为三维定量知识库;

(3)训练图像三维可视化浏览:在三维图形窗口中多尺度、全方位、多层次交互式浏览训练图像模型。

8.4.1.5　地理空间信息管理模块

地理空间信息管理模块用于与地质知识相关的各类地理信息的采集、存储、处理等功能。基于地理信息系统(GIS)组件二次开发,主要实现地图显示与浏览、地质实体空间位置信息的标注等功能。

(1)地质实体空间位置信息的标注:在地图上标注三角洲地质实体的空间位置,并与对应的储层结构数据相关联;

(2)地图显示与浏览:提供地图放大、缩小、漫游、全图显示、图层管理等地图显示浏览功能。

8.4.2 储层地质知识服务子系统

8.4.2.1 储层地质知识数据浏览模块

通过网络发布储层地质知识数据库中的数据,并按照三角洲储层的分类层级结构提供给用户,供用户在线浏览翻阅。

8.4.2.2 储层地质知识数据编辑模块

(1)添加记录:向储层地质知识数据库中的表中添加一条记录;
(2)修改记录:修改储层地质知识数据库表中的某条记录;
(3)删除记录:删除储层地质知识数据库表中的符合给定条件的某一条或某一些数据。

8.4.2.3 储层地质知识数据查询模块

储层地质知识数据查询功能主要包括:属性数据(文本)查询、空间数据(图形)查询两类。

(1)属性数据(文本)查询:
① 条件查询:根据输入的单一条件来进行查询;
② 区间查询:输入需要查询的关键字段的区间值来进行查询;
③ 多字段查询:根据需要输入多种查询关键字来进行查询。

(2)空间数据(图形)查询:
① 通过空间位置查询属性信息:通过鼠标在地图上的操作,包括:单点选择、拉框选择、画圆形选择、多边形区域选择等方式查找相关实体,并高亮显示所查到的对象,同时列出其属性信息;
② 通过属性信息查询空间位置:通过输入名称、类型、数值范围等条件,查找地图上的地质对象的位置坐标,并将对应对象在地图上突出显示,从而反映出符合搜索条件的地物在空间位置上的分布。

8.4.2.4 储层地质知识数据统计分析模块

数据表数据或查询结果数据可直接用于统计分析,包括数值统计功能(最大值、最小值、平均值、标准差)、直方图统计、相关性分析等等。

8.4.2.5 训练图像浏览模块

在线浏览训练图像库中的训练图像,可进行基本的缩放、移动等交互操作。

8.4.2.6 地理空间信息浏览模块

通过 Web 网络提供地图放大、缩小、漫游、全图显示、图层管理等地图显示浏览功能,以地理坐标和空间位置为框架向用户展现多层级、多尺度的地质知识信息,帮助用户建立空间概念。

8.4.2.7 系统管理维护模块

主要实现系统权限认证中的角色、用户、用户组之间的管理工作,为整个系统提供一个基础安全设施。

(1)角色(用户组)管理:角色新建、维护角色,并为角色赋予系统权限;

（2）系统菜单管理：对系统菜单进行添加、删除、修改等操作，动态管理和维护每个角色的系统菜单，从而达到安全灵活分配用户权限的目的；

（3）用户管理：用户新建、维护用户，并将用户加入用户组。

第9章 知识库软件关键技术及其实现

9.1 插件式应用程序框架技术

9.1.1 插件式应用程序框架概述

目前,对储层结构数据库软件系统的研究和构建尚处于探索阶段,国内外尚没有其他成熟的系统可供参考,对该软件功能的设计与完善需要经历多次重复迭代的过程。为了保证每次迭代都在原有软件改动最小的基础上扩展软件功能,实现储层结构数据库系统的可扩展性和灵活性,采用插件式应用程序框架构建系统原型。通过插件式应用程序框架可实现软件的"即插即用",软件由一个个的模块组装而成,不需要集成各源代码或链接库进行编译与链接。需要新的功能组件时,仅需按规定开发之后进行组装即可。以前使用过的功能组件可以稍加修改或直接用于以后的软件开发。这种方法增强了软件的可扩展性和可维护性,也为软件开发人员降低了软件开发的代码集成难度。插件式应用程序框架将软件分为宿主程序和插件两部分,两者之间通过接口协议进行通信,通过新增插件以及扩展原有插件的方法来完成软件功能的扩展及重用。

9.1.2 插件式应用程序框架设计

如图9-1所示,基于插件式框架体系架构构建的储层结构数据库软件系统由四大部分组成:应用程序框架、插件接口、插件和公共函数库。应用程序框架负责应用程序的整体运作,插件接口是一个协议,可能用IDL描述,可能是头文件,也可能一段文字说明。插件按照这个协议实现出来,就可以加入到应用程序中来。插件是完成实际功能的实体,实现了要求的插件接口,如统计分析插件、经验公式插件、训练图像插件等。公共函数库是一组函数或者类,提供一些通用操作和算法的实现,应用程序框架和插件都可以调用。

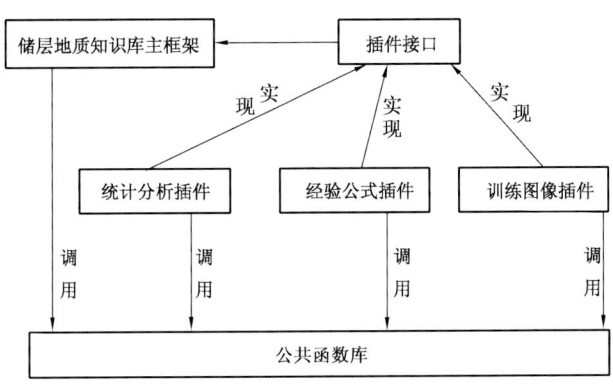

图9-1 基于插件式应用程序框架的地质知识库系统

插件式应用程框架的实现一般有三种技术：基于动态链接库DLL、基于组件对象模型.COM和基于.NET反射技术。本系统的开发环境是.NET,所以选择第三种方式。.NET平台动态加载一个程序集(Assembly)后,可以通过反射机制,获得程序集中的类型信息,如果类型信息满足宿主程序的要求,宿主程序将使用对象动态生成技术在内存中根据类型定义产生一个插件对象实例并加载到插件池中。由于插件对象与宿主对象通过接口进行识别,而接口携带了让两者互相通信所必需的属性和方法,因此,宿主程序能够调用插件对象,插件对象也能够将获自宿主程序的必要信息进行双向交互。

插件式框架的核心在于完成一套使主程序识别插件对象并对插件对象建立事件关联的机制,包括以下几点：

（1）主程序获取相应插件后,根据动态信息创建不同插件的界面窗口；

（2）为系统主应用程序设计一个接口（命名为IApplication）,它可通过公共对象将主程序中必要的信息提供给插件,这些公共对象包括当前数据表中的数据集对象,当前主程序窗口对象,当前用户信息对象等等；

（3）为插件对象设计一个接口（命名为IPlugin）,这些接口定义了所有的系统插件在生成各自程序对话框的时候需要的属性及可以执行的功能；

（4）设计一个插件容器（命名为IContainer）,当程序运行时在内存中将动态生成的插件放置其中,随时等待被调用；

（5）设计一个插件加载器（ILoader）,利用.NET所提供的反射机制在程序运行时动态加载插件到插件容器中；

（6）根据插件的不同表现形式,另外定义了几个接口包括：ICommand、ITool、IToolBarDef、IMenuDef、IDockableWindowDef等,它们全部继承IPlugin接口。

9.1.3 插件动态加载

在插件式应用框架的实际开发中,宿主程序如何查找、加载插件并使用插件提供的功能函数,这是系统开发的关键。根据.NET的晚绑定能力,利用反射机制在运行时进行类型的创建。一般来说,插件的处理方式多以Dll文件格式存在,因此,可以将插件统一放在一个目录下,在宿主程序启动时去查找此文件夹并创建可用的插件对象,或者利用配置文件进行插件的配置,宿主程序运行时可根据配置文件中的参数,动态加载适当的程序集并调用其中的方法,来完成用户的功能需求。当用户需要增加新的功能时,也只需要提供新的程序集,同时更改配置文件即可。应用.NET中System.Reflection命名空间里的类型进行插件的加载过程如下：

（1）通过Assembly类的GetType方法来得到加载的Assembly里所包含的所有类型：
Assembly _assembly = Assembly.LoadFrom(_file);
Type[ ] _types = _assembly.GetTypes( );

（2）遍历所有类型获得其接口类型,判断每一个接口类型是不是从（定义的IPlugin）接口类型上派生出来的。如果这个Assembly的接口类型是从（定义的IPlugin）接口上派生出来的,则认为它就是一个插件。可以通过Activator类的CreateInstance方法来获得这个插件的实例：

```
Type [ ] _interfaces = _type.GetInterfaces( );
foreach ( Type theInterface in interfaces)
{
    switch ( theInterface.FullName)
    {
        case "ICommand":
            IPlugin plugin = Activator.CreateInstance(_type);
            Break;
        ….
    }
}
```

9.1.4 插件调用

插件管理器获取插件后,宿主程序的界面元素(菜单栏、工具栏)根据插件信息生成并调用相应的插件功能。界面管理器在宿主程序的系统界面上生成菜单和工具栏,并调用相应插件。这需要获取系统界面的窗口消息,添加一些自己的消息处理函数。针对不同的插件,它们在宿主界面上会有不同的表现形式。ICommand 和 ITool 对象在表现形式上看起来都是相似的命令按钮,只不过 ITool 对象需要和其他视图(如地图)进行交互。以 ICommand 为例,首先由插件管理器获取一个 ICommand,然后产生一个对应的界面对象 UICommand,接着根据插件信息设置界面对象的有关属性,并通过事件绑定机制将插件与主应用程序相关联,最后将界面对象交由界面管理器进行统一管理。相关代码如下:

```
ICommand command = cmd.Value;
UICommand UICommand = new UICommand( );
UICommand.Text = command.Caption;
command.OnCreate (this._App);
UICommand.Click + = new CommandEventHandler( UICommand_Click);
this.uiCommandManager.Commands.Add( UICommand);
```

这样在 UI_Command 事件处理函数中就可根据插件的 Key 值调用相应的插件功能:

```
ICommand command = _CommandPool[cmd.Key];
command.OnClick( );
```

9.2 地理信息系统(GIS)技术

9.2.1 GIS 技术概述

地理信息系统(Geographical Information System,GIS))是 20 世纪 60 年代兴起的一种处理空间数据的软件系统,其基本模块包括空间数据的组织、查询、可视化及空间关系分析与决策支持,主要功能为空间数据的获取、管理、分析及可视化表达。近年来,随着计算机技术的飞速发展和系统分析方法的不断完善,GIS技术正以其方便快捷的数据查询和更新能力、强大的空间数据分析能力和数据库管理功能而成为全球广泛关注的热点,广泛应用于油气勘探开发研究中的古构造重建、储层研究、油气运移路径分析及资源评价等方面。

在储层地质知识库中包含了大量繁杂的地图和图件,这些图形信息的综合应用与管理对于进行储层精细化描述和建模具有重要的意义。GIS技术为此提供了很好的解决方案。同时,储层地质知识相关的信息是一种与空间位置相关的信息,具有明显的空间概念和地域性特征,相关的研究中对露头、密井网区和现代沉积的解剖与分析都是在明确空间位置及其相关的地质地貌特征的前提下开展的。因此,有必要对储层地质知识库中的各类信息的空间位置、特征及相互关系进行描述和存储。GIS是对空间信息进行采集、存储、管理、分析和可视化的计算机软件系统,采用GIS技术可将地理坐标和空间位置作为各种地质知识信息的组织框架,以地图的形式对各类信息进行导航与展示,并向用户提供地图浏览、地图查询、地图量算、地图标注等功能,使用户更方便地查阅和操纵储层地质知识,轻松建立空间概念。图9-2为笔者采用ArcGIS Engine二次开发组件实现的基于GIS的储层地质知识库的运行效果。

9.2.2 ArcGIS产品系列

目前,国内外已有多种相当成熟的商业化GIS应用软件供用户选择。如国外的ArcGIS产品系列、MapInfo产品系列、Intergraph产品系列等,国内的MapGIS平台、SuperMap平台等。其中以由美国ESRI公司研发的ArcGIS产品系列最为强大,已经成为事实上的GIS软件行业标准。ArcGIS产品系列为单用户或多用户在桌面、服务器、Web和野外移动设备上使用GIS提供了一个完整,可伸缩的框架。其中主要由以下几个部分组成:

ArcGIS Desktop:一套集成的专业GIS应用程序,由ArcView、ArcEditor和ArcInfo三种产品组成。

ArcGIS Server:将GIS信息和地图以Web服务形式发布,提供一系列WebGIS应用程序,并且支持企业级数据管理。

ArcGIS Mobile:为野外计算提供移动GIS工具和应用程序。

ArcGIS Online:提供可通过Web进行访问的在线GIS功能,外加ESRI与合作伙伴发布的可供用户在自己的WebGIS应用程序中使用的地图和数据。

ArcGIS Engine:为使用C++、.NET或Java的ArcGIS开发人员提供软件组件。

从功能上看,ArcGIS是一个处理地图和地理信息的系统。用户通过ArcGIS软件能够创建和使用地图、编辑地理数据、管理数据库中的地理信息、分析地理信息、共享和显示地理信息、在一系列应用程序中使用地图和地理信息。可见ArcGIS软件足以满足地质知识库系统中对空间信息进行管理、显示、查询的需要,因此,本书地质知识库系统地图显示、地图标注和查询功能等的开发主要基于ArcGIS Engine实现。

9.2.3 地图浏览功能的实现

在ArcGIS Engine组件库的ESRI.ArcGIS.Controls命名空间中包含了用于快速构建地图浏览功能的控件,它们是MapControl、TOCControl和ToolbarControl等。MapControl控件封

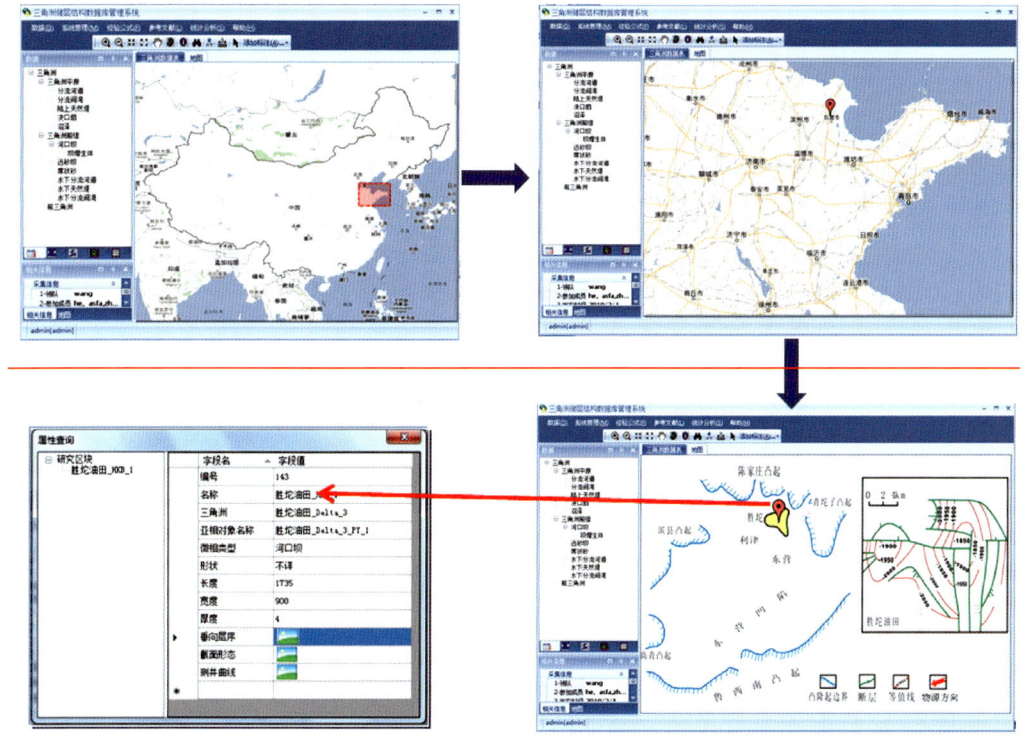

图9-2 GIS支持下的地质知识查询

装了地图对象,用于地图的显示与分析,可读取和写入地图文档。TOCControl对应地图对象的内容目录,可以列表的方式显示地图对象所包含的图层信息,并对图层的显示状态进行控制。ToolbarControl控件可以提供对地图控件进行操作的各种命令、工具和菜单。使用以上控件实现地图浏览功能主要包含以下几点:

(1)地图准备:在ArcGIS Desktop中编辑一幅背景地图,作为知识库中所对应的各地质实体的空间地理背景。在应用中可根据实际工区情况,采集获取研究区局部的大比例尺地图叠加到背景地图上。另外,地图还要为各种地质实体创建对应的点图层,以供地图标注功能使用。

(2)加载地图控件:如图9-3所示,在Visual Studio. NET开发环境中,添加一个窗体对象,并将MapControl加入其中,该窗体即作为项目中的地图浏览窗口。由于本系统采用了多文档多视图应用程序框架,加入的地图浏览窗口可设置为主窗体的一个子窗体供运行时调用。然后,分别在主窗体左侧的控制面板窗口和主窗体上方的工具栏中添加TOCControl和ToolbarControl控件。

(3)绑定控件和加载地图文档:系统中将地图窗口设置为单例模式(有且仅有一个地图窗口)。在程序运行之初就打开地图窗口,并实现地图窗口中的MapControl与主窗口中的TOCControl、ToolbarControl绑定,同时,在地图窗口中加载事先准备好的地图文档。主要代码如下:

_mapForm = frm2DMap. GetInstance( );

图 9-3　地图浏览功能实现

axTOCControl. SetBuddyControl(_mapForm. axMapControl);
axToolbar. SetBuddyControl(_mapForm. axMapControl);
_mapForm. axMapControl. LoadMxFile(@"InitMap. mxd");
_mapForm. MdiParent = this;

9.2.4　地图标注功能的实现

地图标注功能指在地图上以标注点的形式显示地质知识库中对应记录的空间地理位置。通过地图标注能够实现地质知识库中的记录与地理信息的相互关联,以便进行进一步的空间查询和空间分析,帮助用户建立空间概念。首先,在数据库层面,需要将地图空间数据与知识库属性数据进行关联。地图空间数据存储在 ArcGIS 空间数据库中,知识库属性数据存储于 SQL Server 关系数据库中,二者中的关联记录通过 ID 实现一一关联。其次,在地图控件的鼠标单击事件中,添加相关的事件处理代码。代码主要实现功能描述如下:当用户选择添加标注点工具时,通过鼠标单击地图上的标注点位置,即可弹出对应的属性数据输入或属性数据关联对话框。具体是进行属性数据输入还是属性数据关联取决于用户的选择。系统中左键单击表示属性数据输入,此时,用户在添加标注点的同时输入对应的属性数据;右键单击表示属性数据关联,此时,用户仅为已经存在的属性记录添加一个标注点。

9.3　基于关系数据库的大对象数据存储技术

9.3.1　基于关系数据库的大对象数据存储技术概述

如前面所述,储层地质知识库中各类数据的形式有表格、文档、图片、公式和数据体等。其中以表格形式存储的各类数字、字符类型的结构化数据,可用传统的关系数据库存储技术进行存储,而文档、图片、公式和地质数据体这些非结构化数据没有固定的标准格式,且占用较大的存储空间,无法用常用的数据结构进行表达。虽然也可以将这些特殊格式数据以文件形式存储于服务器的文件系统中,但这种方法安全性较低。因此,需要借助二进制大对象数据存储技术,将它们统一存储于数据库内,使数据的安全性和可靠性得到保障。目前,主流的数据库软件系统包括 SQL Server、Oracle、Informix、DB2 等等,都提供了对二进制数据存储的支持,只需将这些非结构化数据以二进制数据块的形式存入关系数据库中的二进制大字段,并分别编写对应的存储过程,实现这些数据块与操作系统中对应数据文件的读写机制即可。在 SQL Server 2005 中,笔者特别编写了能够读取与写入二进制数据的通用存储过程,并在储层地质知识库系统中实现了相应的程序库对其进行调用,从而实现了各类非结构化数据的数据库存取技术。

9.3.2 SQL Server 2005 中的大对象数据存储字段

SQL Server 2005 是一个全面的数据库平台,使用集成的商业智能(BI)工具提供了企业级的数据管理。SQL Server 2005 数据库引擎为关系型数据和结构化数据提供了更安全可靠的存储功能,使用户可以构建和管理用于业务的高可用和高性能的数据应用程序。本系统后台数据库选用 SQL Server 2005 企业版,通过其提供的各类数据字段及其对存储过程的强大支持,可满足地质知识库中各类数据的存储需求。

如表 9-1 所示,针对二进制大数据对象的存储,SQL Server 2005 中提供了 binary、varbinary、image 几种字段,这些特殊字段类型可用于实现本系统中对各类图件文件、参考文献文件、训练图像文献等资料的存储功能。不过,当直接把二进制数据存储在数据库时,需要增加一些额外工作来实现插入、更新和检索二进制数据。

表 9-1 SQL Server 2005 中二进制数据类型

数据类型	存储类型	描述
binary	二进制数据类型	binary 数据类型用来存储可达 8000 字节长的定长的二进制数据。当输入表的内容接近相同的长度时,应该使用这种数据类型
varbinary	二进制数据类型	varbinary 数据类型用来存储可达 8000 字节长的变长的二进制数据。当输入表的内容大小可变时,应该使用这种数据类型
image	二进制数据类型	image 数据类型用来存储变长的二进制数据,最大可达 $2^{31}-1$ 或大约 20 亿字节

9.3.3 系统中大对象数据存取方法实现

9.3.3.1 存储结构设计

通过第 8 章 8.3 节中对系统数据库的逻辑设计及表结构的详细介绍,可知三角洲沉积相、沉积亚相、沉积微相和构型单元四个层次的地质实体的描述字段中一般包含附件文件字段和垂向层序、测井曲线、截面形态等几个图像字段。另外,训练图像表(表 8-7)、经验公式表(表 8-8)和文献资料表(表 8-9)也包含有类似的文件或图片字段。其中,附件文件字段一般是与对应记录相关的说明文档资料集合,可以是 Word、PDF、ZIP 等各种文件;垂向层序、测井曲线、截面形态等几个图像字段一般是与关联记录对应的专业图片文件,可以是

JPG、GIF、BMP 及自定义的其他二维或三维图像格式等。为了便于对这些二进制对象字段的统一存储和管理,系统创建了图像表(8-10)和文件表(8-11),专门用于存储各种记录相关联的二进制对象。通过对存入表中的每一个二进制对象赋予唯一编号、类型等描述字段,为这些对象与相关记录的关联、图像及文件的存储及打开提供了基本的描述信息。这些信息在系统实现的存取方法中是不可或缺的。

下面以参考文献中的文件存储结构为例进行介绍,其他二进制对象的存储结构与之类似。如图 9-4 所示,文献资料表用于存储参考文献记录,其中共包含记录号、题目、类型、刊物名称、第一作者、作者、摘要、发表时间、文件数据体 9 个字段,文件数据体字段 FileData 并不是直接存储文件的字段,而是通过一个 int 型的 ID 号间接引用了文件表中对应的一条记录。文件表中的文件数据字段 Data 是 varbinary 二进制类型,用于存储文件数据体;ID 是文件的唯一标识码,便于被引用;File_Name 和 Extension 是所存储文件的文件名称和扩展名,它们在读取文件并存储到本地时是必须提供的信息;Status 表示文件的当前状态,其值为 1 时表示文件被其他表中的记录引用,其值为 2 时表示应用其的记录已经被删除,该文件也处于删除状态,在清理数据库时,可将其彻底删除。

参考文献表	
字段名	中文名
ID	记录号
Title	题目
Type	类型
Publication	刊物名称
First_Author	第一作者
Authors	作者
Abstract	摘要
Posted	发表时间
FileData	文件数据

文件表	
字段名	中文名
ID	记录号
Extension	后缀名
Data	文件数据
File_Name	文件名
Status	状态

图 9-4　参考文献存储结构

9.3.3.2　存储过程设计

SQL Server 提供了一种方法,它可以将一些固定的操作集中起来由 SQL Server 数据库服务器来完成,以实现某个任务,这种方法就是存储过程。存储过程是 SQL 语句和可选控制流语句的预编译集合,存储在数据库中,可由应用程序通过一个调用执行,而且允许用户声明变量、有条件执行以及其他强大的编程功能。在 SQL Server 中存储过程分为两类:即系统提供的存储过程和用户自定义的存储过程。它具有以下优点:(1)可以在单个存储过程中执行一系列 SQL 语句;(2)可以从自己的存储过程内引用其他存储过程,这可以简化一系列复杂语句;(3)存储过程在创建时即在服务器上进行编译,所以执行起来比单个 SQL 语句快,而且减少网络通信的负担。鉴于以上特点,该系统中自定义了大量的存储过程用于各种不同数据的插入、更新和删除操作,包括二进制对象数据。定义的对应存储过程代码如下:

(1)插入文件记录:

set ANSI_NULLS OFF
set QUOTED_IDENTIFIER ON
GO
ALTER PROCEDURE [dbo].[p_File_insert]

@Data varbinary(Max),
@Status bit,
@File_Name varchar(50),
@Extension varchar(50)
　AS
INSERT INTO f_File
(
[Data],[Status],[File_Name],[Extension]
)
VALUES
(
@Data,@Status,@File_Name,@Extension
)
(2)更新文件记录:
set ANSI_NULLS OFF
set QUOTED_IDENTIFIER ON
GO
ALTER PROCEDURE [dbo].[p_File_update]
@ID int,
@Data varbinary(Max),
@Status bit,
@File_Name varchar(50),
@Extension varchar(50)
　AS
UPDATE f_File SET
[Data] = @Data,[Status] = @Status,[File_Name] = @File_Name,[Extension] = @Extension
WHERE [ID] = @ID
(3)删除文件记录:
set ANSI_NULLS OFF
set QUOTED_IDENTIFIER OFF
GO
ALTER PROCEDURE [dbo].[p_File_delete]
@ID int
　AS
begin
DELETE FROM f_File
WHERE [ID] = @ID
end

9.3.3.3 C#中二进制对象存取方法实现

同样以文件在数据库中的二进制存取为例,在 Visual Studio.NET 开发环境中,采用 ADO.NET 数据库访问技术,用 C#语言调用以上定义的文件记录存储过程,可实现相应文件对象二进制存储方法。为此,封装文件存取类 IOFile,类图如图 9-5 所示。其中,字段 dbData 和 dbSys 均为 ADO.NET 数据库操作对象,其实现了调用存储过程,执行 SQL 语句以及数据库查询的通用方法。方法中 Insert 用于插入一条文件记录,Update 用于更新给定 ID 的一条文件记录,ReadFileData 用于将给定 ID 对应的文件二进制数据读到文件流对象中,供进一步应用。读出的数据流可作为文件存储到用户的本地磁盘中。

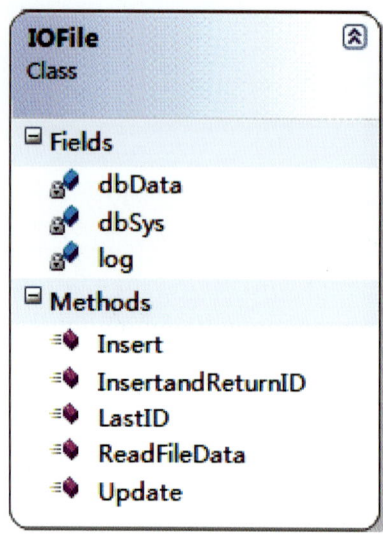

图 9-5 文件操作类(IOFile)类图

Insert 方法的主要代码如下:

```
public int Insert( byte[ ] data, string fileName, string extension, bool status)
    {
        int nResult = 0;
        string strMsg = " ";
        try
        {
            dbSys. Parameters. Clear( );
            dbSys. Command. Connection. Open( );
            dbSys. Command. CommandText = "p_File_insert";
            dbSys. Command. CommandType = CommandType. StoredProcedure;
            dbSys. Command. Parameters. Add( new SqlParameter("@ Data", SqlDbType. VarBinary) );
            dbSys. Command. Parameters. Add( new SqlParameter("@ Status", SqlDbType. Bit) );
            dbSys. Command. Parameters. Add( new SqlParameter("@ File_Name", SqlDbType. VarChar) );
            dbSys. Command. Parameters. Add( new SqlParameter("@ Extension", SqlDbType. VarChar) );
            dbSys. Command. Parameters[0]. Value = data;
            dbSys. Command. Parameters[1]. Value = status;
            dbSys. Command. Parameters[2]. Value = fileName;
```

```
                dbSys.Command.Parameters[3].Value = extension;
                nResult = dbSys.Command.ExecuteNonQuery();
            }
            catch(Exception e)
            {
                strMsg = e.Message.ToString().Trim();
            }
            return nResult;
        }
```

ReadFileData 方法的主要代码如下:

```
public void ReadFileData(int ID,string fileName)
        {
                using(SqlConnection connection = new SqlConnection(GlobalParams.connString))
                {
                    qlCommand command = connection.CreateCommand();
                    command.CommandText = "SELECT Data FROM f_File " + "WHERE ID = @ID";
                    command.Parameters.Add("@ID", SqlDbType.Int);
                    command.Parameters[0].Value = ID;
                    int bufferSize = 100;
                    byte[] outByte = new byte[bufferSize];
                    long retval;
                    long startIndex = 0;
                    connection.Open();
                    using(SqlDataReader reader = (SqlDataReader)
(command.ExecuteReader(CommandBehavior.SequentialAccess)))
                        {
                            if(reader.Read())
                            {
                                using(FileStream stream = new FileStream(
                                    fileName, FileMode.OpenOrCreate, FileAccess.Write))
                                {
                                    using(BinaryWriter writer = new BinaryWriter(stream))
                                    {
                                        startIndex = 0;
                                        retval = reader.GetBytes(0, startIndex, outByte, 0, bufferSize);
```

```
                        while (retval = = bufferSize)
                        {
                            writer. Write(outByte);
                            writer. Flush();
                            startIndex + = bufferSize;
                            retval = reader. GetBytes(0, startIndex, outByte, 0,
bufferSize);
                        }
                        writer. Write(outByte, 0, Convert. ToInt32(retval));
                        writer. Flush();
                    }
                }
            }
        }
    }
}
```

第10章 知识库软件主要功能

10.1 数 据 管 理

储层地质知识库管理子系统通过多种视图窗口显示数据库中各种数据,包括显示原始数据和统计数据的表格视图、显示地图的地图视图、显示图片的图像视图、显示训练图像和三维模型的三维视图,如图10-1至图10-4所示。这些视图窗口是用户对数据进行管理的基本操作界面,用户可在浏览各类地质知识数据的同时,通过系统提供的菜单、工具栏、对话框等对知识库中数据进行管理。

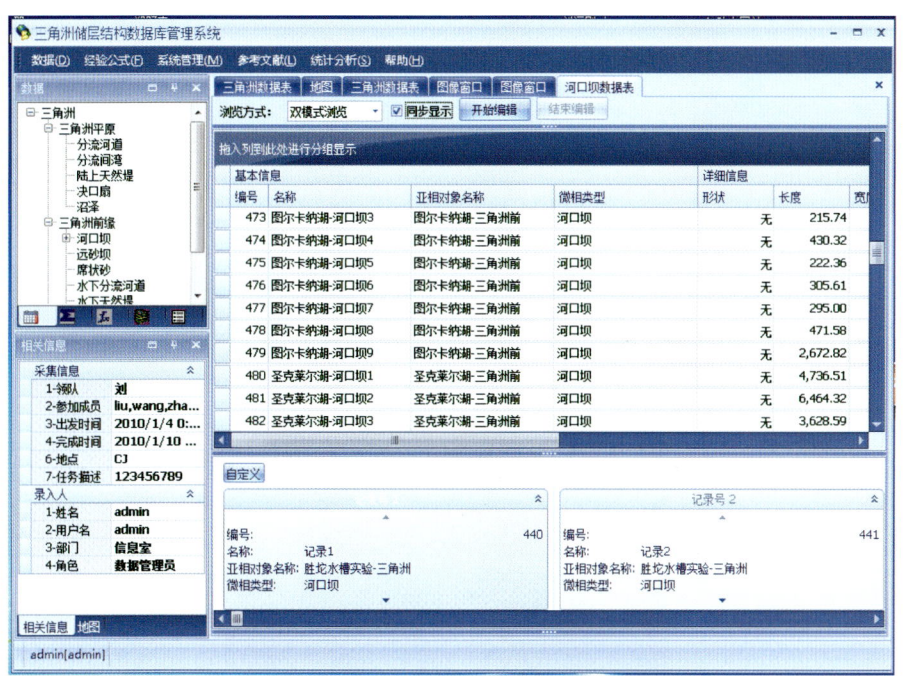

图10-1 储层地质知识库管理子系统主界面

系统实现了数据的输入、修改、删除、输出等功能,可用于对储层各级地质对象、参考文献、经验公式、训练图像等各种地质知识相关数据的输入、修改、删除、输出等操作。

如图10-5所示,以添加一个三角洲对象为例演示录入原始数据记录的效果,其他对象的录入与之类似;如图10-6所示,截取了在表格窗口中对记录进行编辑的界面,用户通过单击"开始编辑"按钮,即可进入数据编辑状态,然后对需要编辑的记录进行逐一修改,结束时单击"结束编辑"按钮更新修改内容;浏览数据记录的过程中还可以通过"Delete"键、快捷菜单等方式方便地删除表中记录;另外,系统还实现了数据导出、数据表打印等输出功能,图10-7是数据导出的快捷菜单,可将数据表导出为Excel或PDF格式的文件。

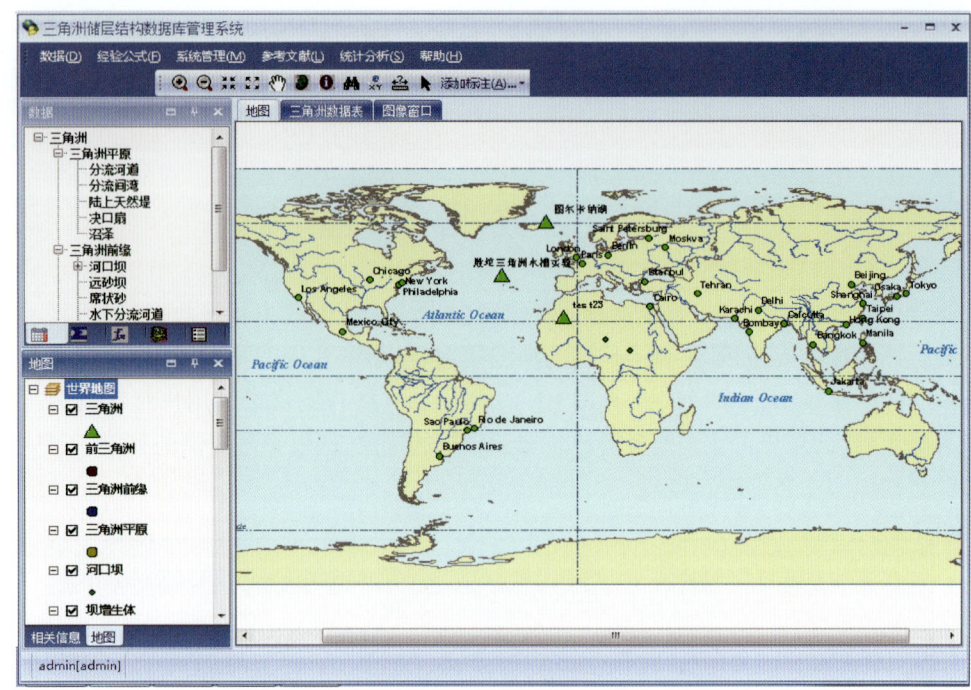

图 10-2　地图视图

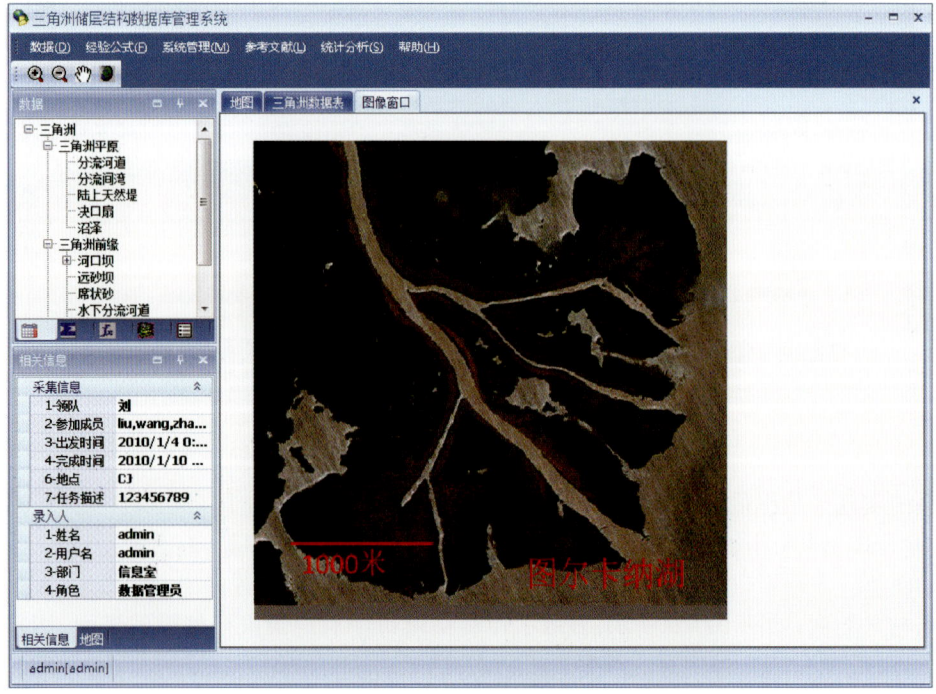

图 10-3　图像视图

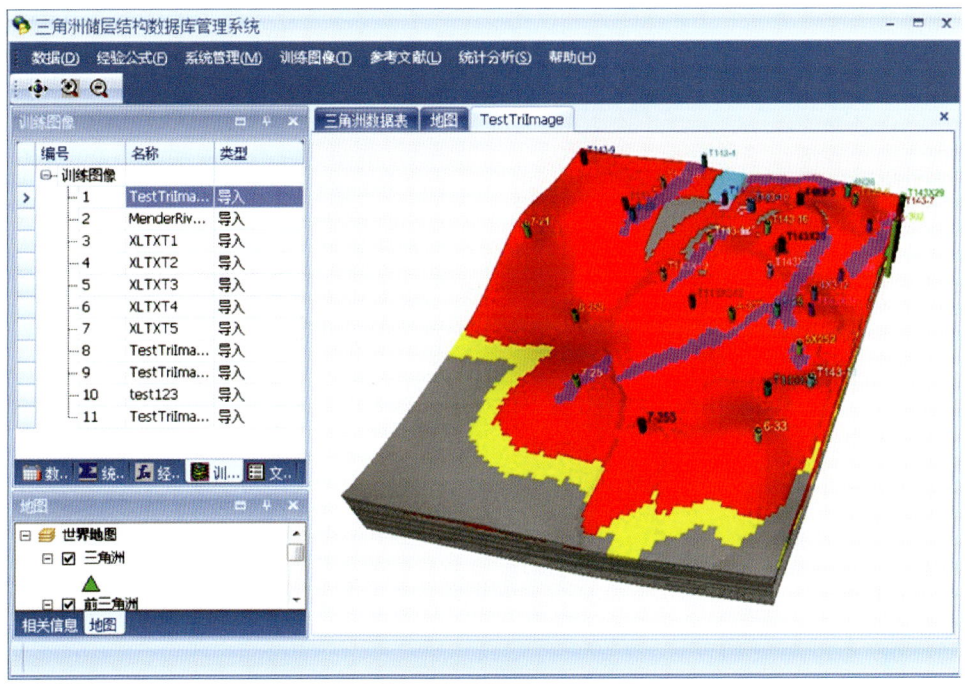

图 10-4 训练图像视图

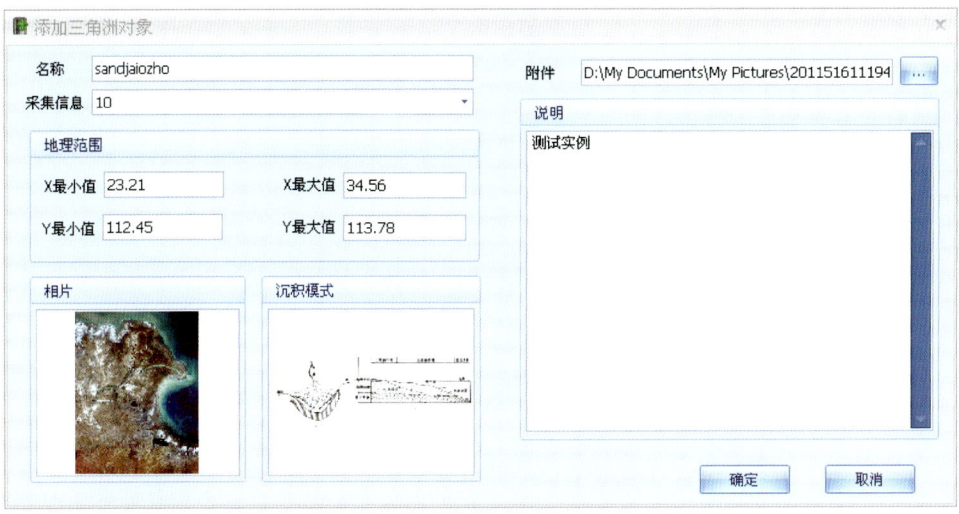

图 10-5 添加三角洲对象

图 10-6 数据编辑

10.2 查询与统计分析

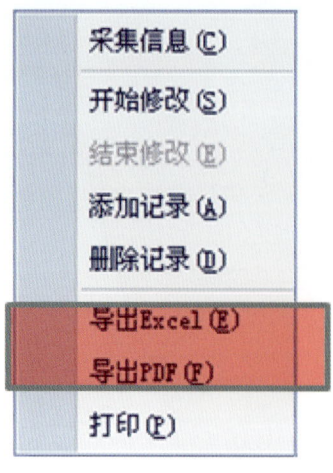

图 10-7 数据导出

系统提供了查询面板、数据筛选行、多条件筛选对话框等多种灵活便捷的数据查询方式,以满足不同用户对数据库中数据的查询需求。

如图 10-8 所示,查询面板中的查询条件是"亚",结果将得到各字段中包含"亚"字的所有记录;如图 10-9 所示,在筛选行(表格中的第一行)中的名称字段输入"hkb7",形状中输入"无",表格中将仅包括满足这两个条件的记录;如图 10-10 所示,在多条件筛选对话框中可以通过"And"、"Or"等逻辑连接词,构造多个简单筛选条件构成的复合筛选条件,以满足多条件复杂查询的需要。

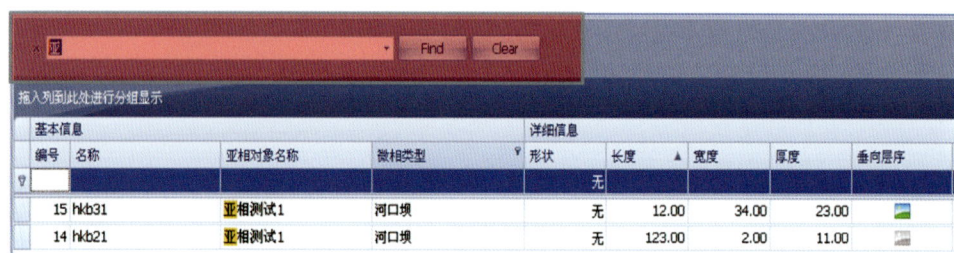

图 10-8 查询面板

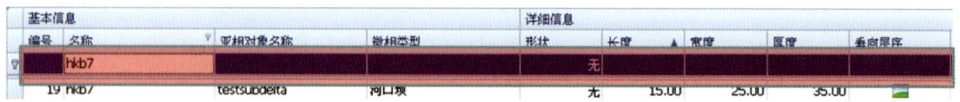

图 10-9 数据筛选行

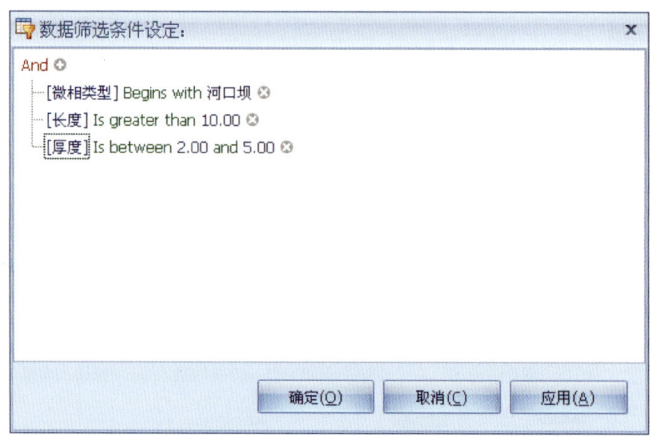

图 10-10 多条件筛选对话框

以上查询所得结果可作为原始数据进行数据统计分析,并生成相应统计图表,以满足各种专业应用的需要。所生成的统计图表包括直方图、散点图、柱状图、折线图等等。图 10 - 11 中是对表格中厚度字段生成的直方图;图 10 - 12 中是生成的表格中的长度和宽度字段的散点图,并绘制出了对应的回归线。

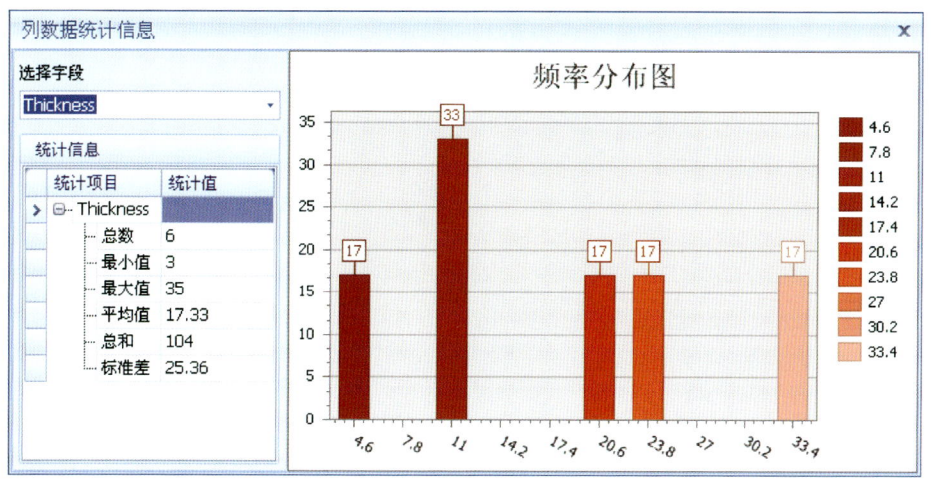

图 10 - 11　直方图

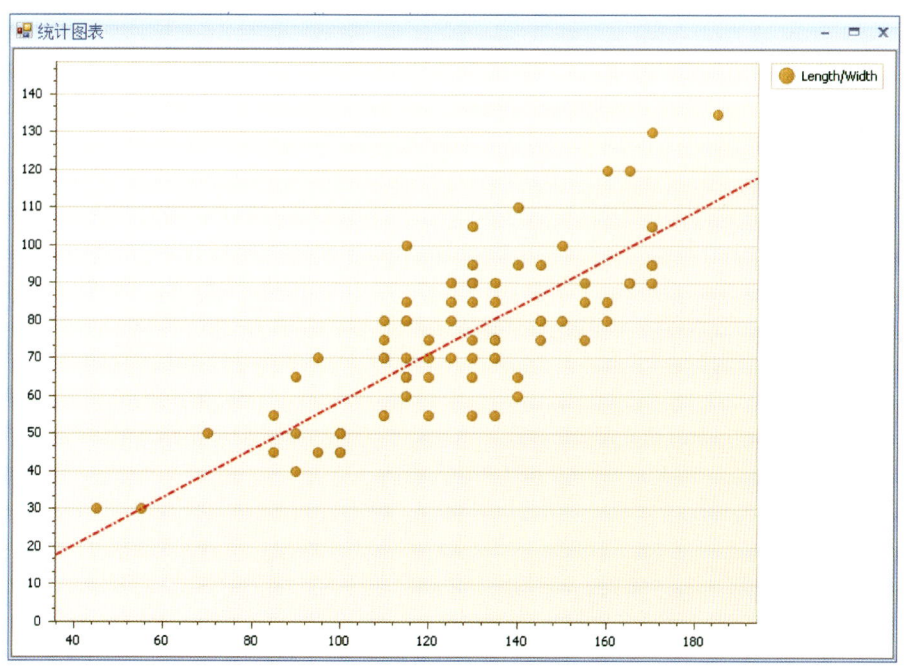

图 10 - 12　散点图

10.3　经验公式库

经验公式库模块中实现了经验公式添加、修改、查看、运行等系列功能。通过这些功能可使用户像操作一般数据记录一样操作经验公式,从而将从文献或统计分析得到的经验公式录入数据库中,并且可通过插件技术,制作出对应的插件程序供重复使用。

图 10-13 是录入经验公式的对话框,其中计算插件是通过实现经验公式插件接口创建的插件程序文件(Dll),可嵌入系统以供调用;如图 5-14 所示,录入的经验公式均显示于左侧经验公式树状列表中,其显示信息可在经验公式表格浏览,若要对其进行编辑,仅需启动表格的编辑状态。鼠标双击经验公式树状列表中的对应项目,即可运行对应的经验公式插件。

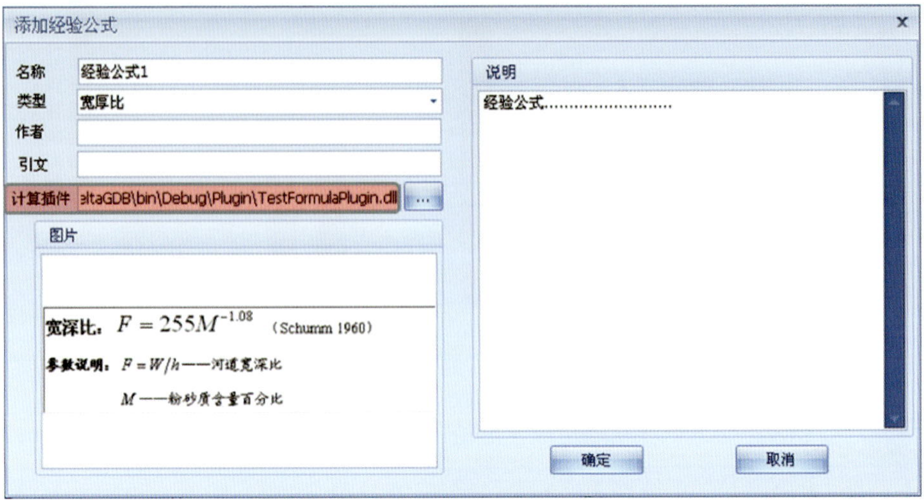

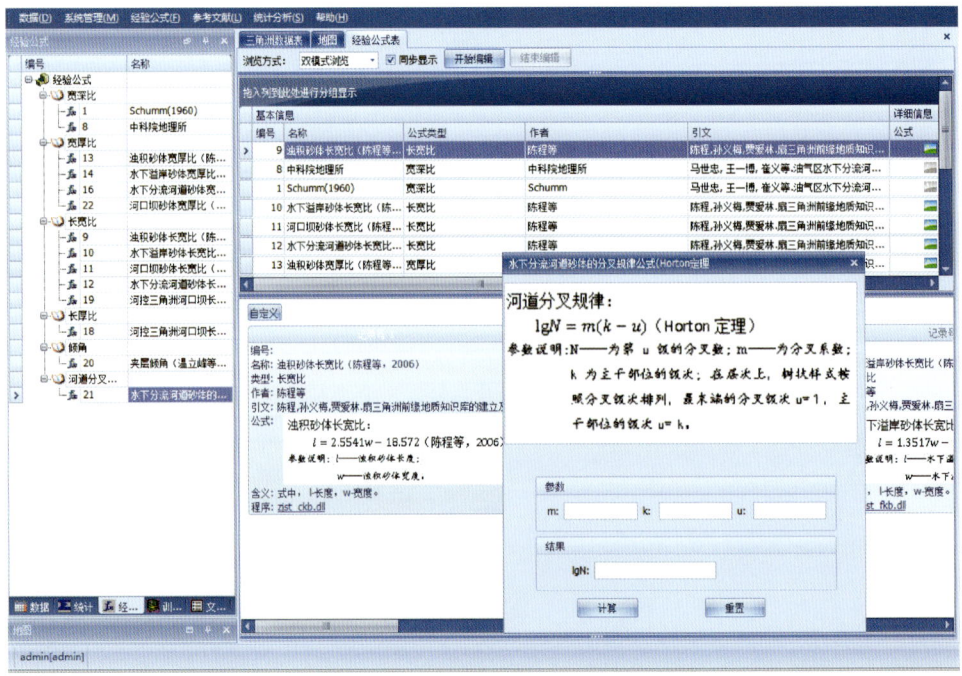

图 10-13　录入经验公式

图 10-14　经验公式浏览与调用

10.4 参考文献库

参考文献库模块中实现了添加分组、文献的编辑、浏览和查询等功能。其中,分组是由用户自定义的将所有参考文献分门别类的逻辑结构,系统的每个用户都可以定义自己的分组方式。这样添加参考文献到库中时,就可以选择加入参考文献所属的组别,以将不同专题的文献分开管理。

图 10-15 是新建参考文献分组的对话框,图 10-16 是添加参考文献的对话框,图 10-17 是浏览参考文献表的界面,通过点击"附件"超链接字段可将数据库中存储的参考文献的文件附加下载到本地磁盘保存。

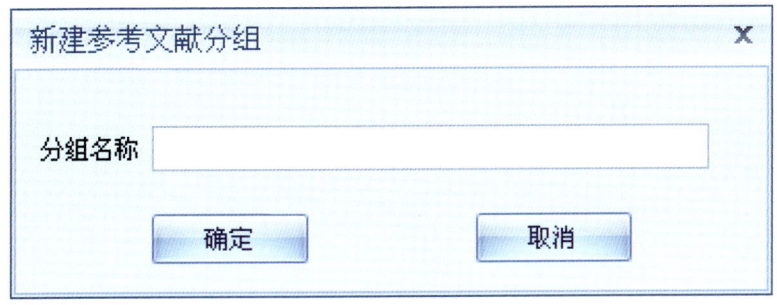

图 10-15　新建参考文献分组

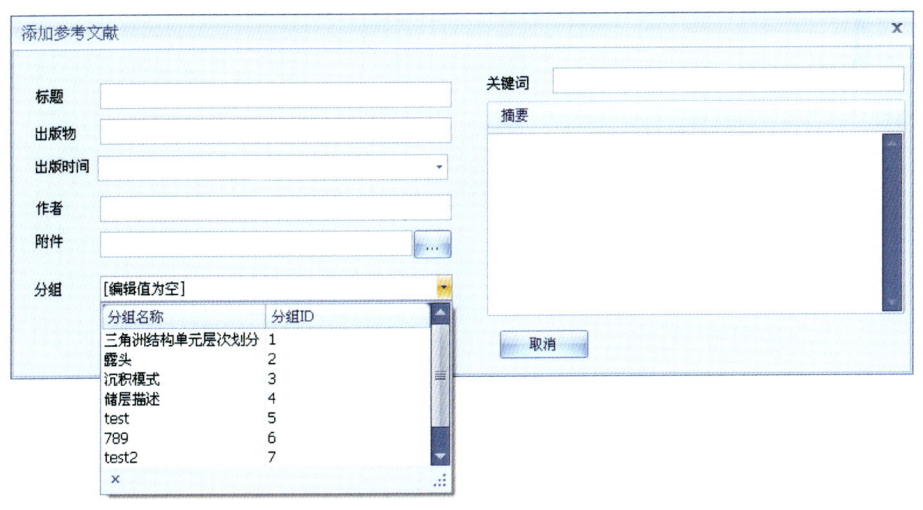

图 10-16　添加参考文献

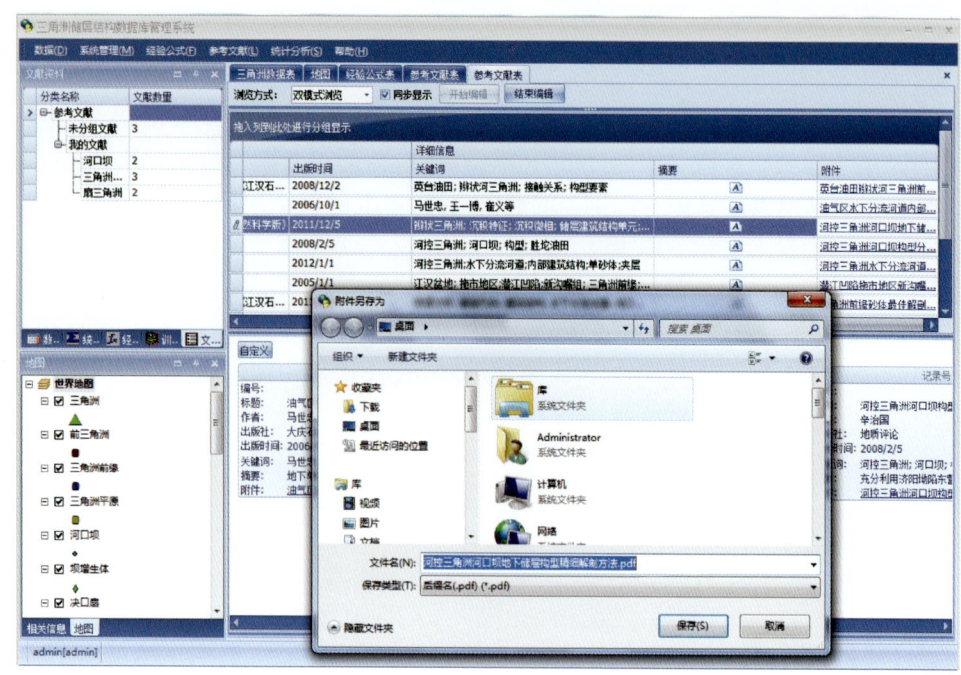

图 10-17　浏览并下载参考文献

10.5　地图标注与查询

地图模块实现了地图浏览、地图标注、地图查询和地图量算等功能。地图窗口在程序运行期间一直处于打开状态。通过对应的地图工具栏对地图进行放大、缩小、平移等浏览操作。通过左下侧的地图图层控制窗口设置地图中图层的可见性。在地图窗口下,可通过鼠标添加标注点。每一个标注代表一个地质实体对象的位置,并与对应的数据记录相关联。通过地图工具栏上的"添加标注"工具,可对三角洲、三角洲亚相、三角洲微相、构型单元各种地质实体的数据记录添加地图标注,从而在地图上标识地质实体的地理位置。如图10-18所示,添加标注工具以工具栏下拉菜单的形式提供。

当点击工具栏上的添加标注命令后,鼠标变成铅笔样式。此时可在地图上点击鼠标左键或右键。如图10-19所示,点击左键可在添加标注的同时弹出记录录入对话框,以添加相应的数据记录;如图10-

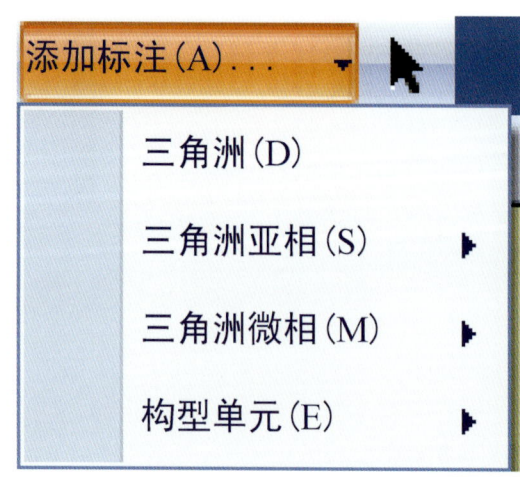

图 10-18　地图标注下拉菜单

20所示,点击右键是添加标注的同时弹出记录关联对话框,为所添加的标准点在数据库中选择一条记录与之建立关联。

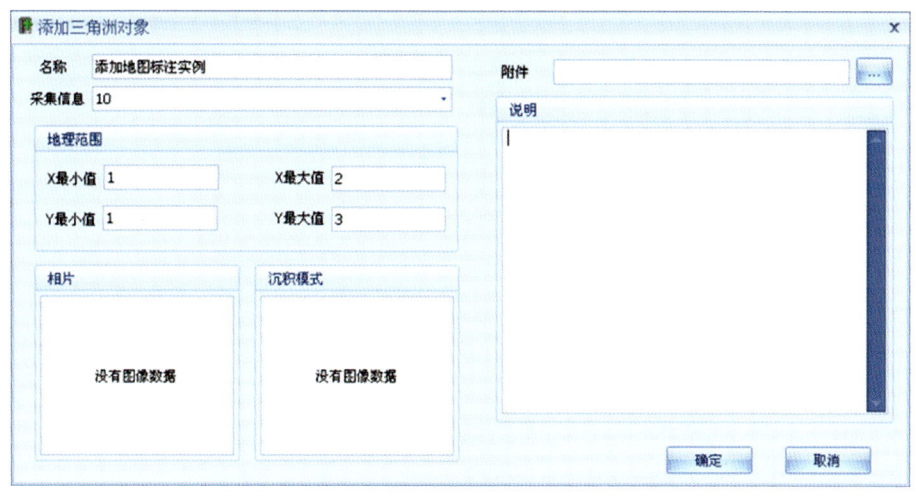

图 10-19　添加标注点并录入数据记录

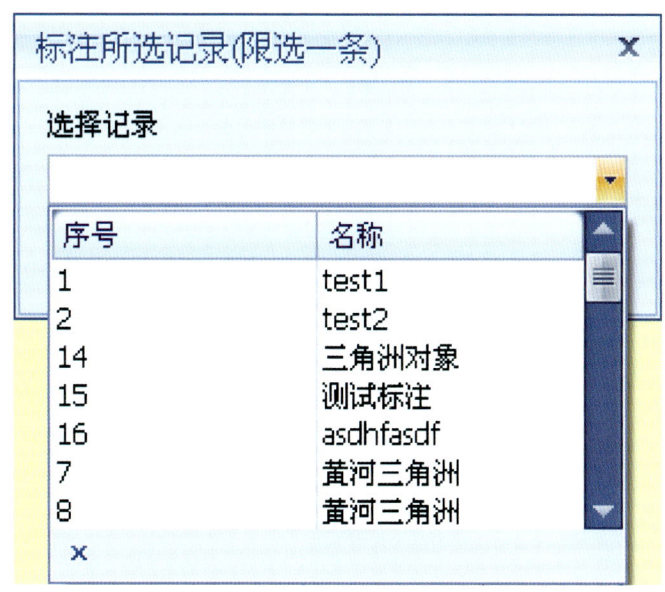

图 10-20　添加标注点并关联数据记录

通过地图标注功能建立了地质知识库中的属性数据记录与地图上的空间位置关联,即可实现 GIS 所特有的空间查询功能。如图 10-21 所示,用户通过地图缩放浏览功能逐级展开用户感兴趣的区域的细节特征,用鼠标点选地图上地质实体的标注点,可弹出信息窗口显示对应的地质知识信息。因而可以更直观地查询和浏览有关地质知识库数据,并更易于建立相关地质实体的空间概念。

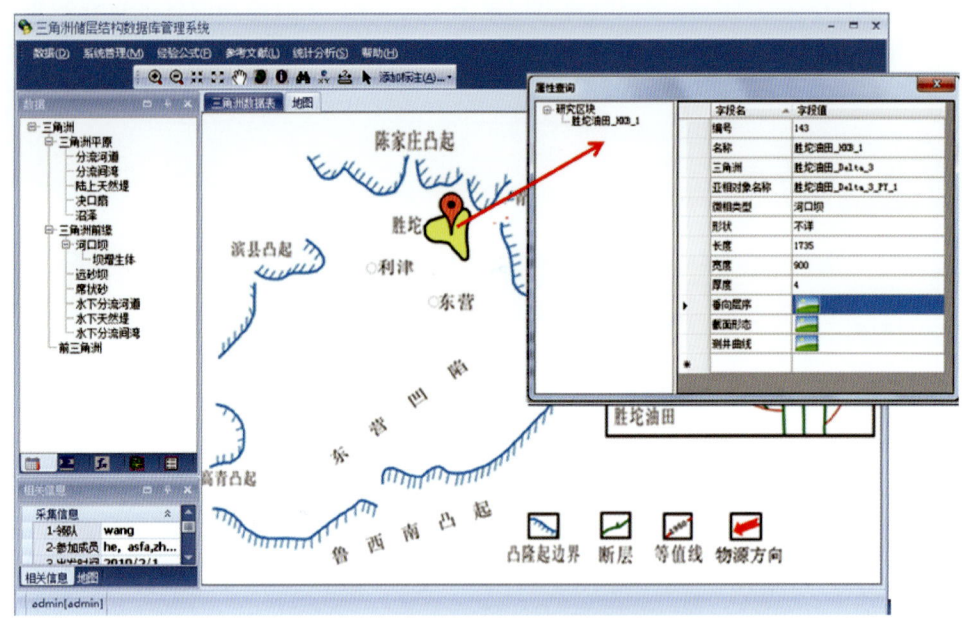

图 10-21　GIS 支持下的地质知识空间查询

10.6　网上地质知识浏览和查询

系统实现了 Web 环境下的储层地质知识服务子系统,可用于企业网络下,数据、经验公式、参考文献等的输入、浏览、查询等功能。如图 10-22、图 10-23 和图 10-24 所示。

图 10-22　网上数据浏览和编辑

采用 Google MapControl 实现了 B/S 模式下地图浏览功能,可在 Web 环境下进行地理位置信息的浏览与查询,如图 10-25 所示。

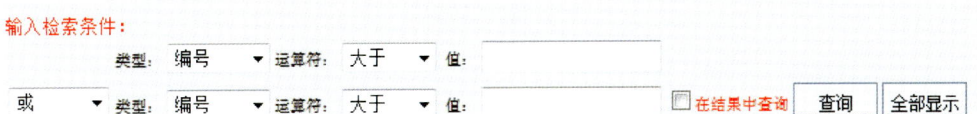

图 10-23　网上数据查询

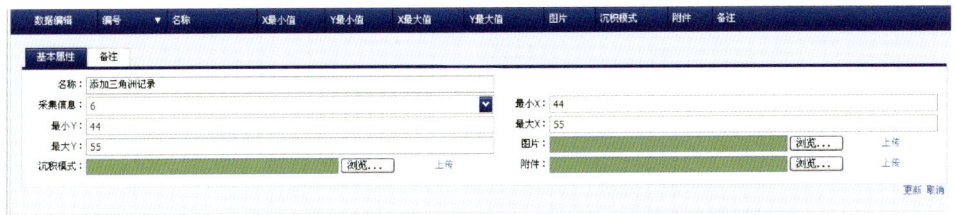

图 10-24　添加和修改三角洲数据记录

图 10-25　Web 地图浏览与查询

参 考 文 献

冯建伟,戴俊生,冀国盛,等.2007.河流储层建筑结构要素的定量识别——以胜坨油田二区沙二段3砂层组为例.沉积学报,25(2):207-213.
何文祥,贾爱林,张传禄,等.2004.露头在密井网区井间砂体预测的应用研究.断块油气田,11(5):6-8.
何文祥,吴胜和,唐义疆,等.2005.地下点坝砂体内部构型分析——以孤岛油田为例.矿物岩石,25(2):81-86.
何文祥,吴胜和,唐义疆,等.2005.河口坝砂体构型精细解剖.石油勘探与开发,32(5):42-46.
黄文科,戴俊生,窦之林,等.2007.胜坨油田储层砂体建筑结构分析.西南石油大学学报,2007,29(3):32-35.
黄镇国,李平日,张仲英,等.1982.珠江三角洲形成发育演变.广州:科学普及出版社广州分社,36-39.
贾爱林,穆龙新,陈亮,等.2000.扇三角洲储层露头精细研究方法.石油学报,2000,21(4):105-108.
贾振远,蔡忠贤.1992.储层构型研究方法简介.地质科技情报,11(4):63-68.
解习农,李思田,高东升,等.1994.江西丰城矿区障壁坝砂体内部构成及沉积模式.岩相古地理,14(4):1-10.
赖志云,周维.1994.舌状三角洲和鸟足状三角洲形成及演化的沉积模拟实验.沉积学报,12(2):37-44.
李庆明,陈程,刘丽娜,等.1999.双河油田扇三角洲前缘储层建筑结构分析.河南石油,13(3):14-19.
李少华,汪日明,张ujimin,等.2006.结合露头信息建立储层地质模型.天然气地球科学,17(3):374-377.
李少华,张昌民,林克湘,等.2004.储层建模中几种原型模型的建立.沉积与特提斯地质,24(3):102-107.
李宇鹏,吴胜和,岳大力,等.2008.现代曲流河道宽度与点坝长度的定量关系,12(6):19-22.
李云海,吴胜和,等.2007.三角洲前缘河口坝储层构型界面层次表征.石油天然气学报,29(6):49-54.
刘忠保,龚文平,等.2006.沉积物重力流砂体形成及分布的沉积模拟实验研究.石油天然气学报,28(3):20-25.
刘忠保,张春生,等.2008.牵引流砂质载荷沿陡坡滑动形成砂质碎屑流沉积模拟研究.石油天然气学报,30(6):30-39.
石书缘,胡素云,冯文杰,等.2012.基于Google Earth软件建立曲流河地质知识库.石油学报,沉积学报,30(5):869-877.
温立峰,吴胜和,等.2011.河控三角洲河口坝地下储层构型精细解剖方法.中南大学学报(自然科学版),42(4):1072-1078.
吴崇筠,等.1989.中国含油气盆地沉积学.北京:石油工业出版社.
夏长淮,张春生,等.2002.濮阳凹陷白庙气田沙河街组三段下亚段扇三角洲沉积模拟研究.石油与天然气地质,23(3):218-223.
辛志国.2008.河控三角洲河口坝构型分析.地质评论,54(4):527-532.
鄢继华,陈世悦,等.2004.三角洲前缘滑塌浊积岩形成过程初探.沉积学报,22(4).
杨少春,周建林.2001.胜坨油田二区高含水期三角洲储层非均质特征.石油大学学报(自然科学版),25(1):37-41.
尹太举,张昌民,樊中海,等.1997.双河油田井下地质知识库的建立.石油勘探与开发,24(6):95-97.
岳大力,吴胜和,刘建民,等.2007.曲流河点坝地下储层构型精细解剖方法.大庆石油地质与开发,28(4):19-22.
张春生,刘忠保,曹跃华,等.1995.歧北凹陷舌状砂体沉积模拟实验.石油与天然气地质,16(2):178-184.
张春生,刘忠保,等.2000.碎屑物理模拟研究的理论和方法.石油与天然气地质,21(4):300-303.
张春生,刘忠保,施冬,等.2004.利用数值模拟方法预测辫状河砂体几何形态.石油勘探与开发,31(增刊):85-88.

张春生,刘忠保,施冬,等. 2003. 砂质扇三角洲沉积过程实验研究. 江汉石油学院学,25(2):1-3.

张春生,刘忠保. 现代河湖沉积与模拟实验. 北京:地质出版社,1997.

张春生. 2003. 碎屑岩沉积模拟技术. 北京:石油工业出版社.

赵霞飞. 1982. 某些细砂和粉砂底形发育的实验研究. 成都地质学报,2(4):28-34.

中国海洋湖沼学会海岸河流学会编. 1985. 海岸河口区动力地貌沉积过程论文集. 北京:科学出版社,63-69.

Allen J R L. 1964. Study in fluviatile sedimentation:six cyclothems from the lower Old Red Sandstone Anglo welsh basin. Sedimentology,(3):163-198.

Bagnold R A. 1966. An Approach to the Sediment Transport Problem from General Physies. U. S., Geol. SurveyProf. Paper,422-1:37-38.

Bagnold R A. 1954. Experiments on a Gravity-free Dispersion of water Flow. Proc. Roy. Soc. London,Ser. A.,1:225-233.

Bridge J S, Best J L. 1988. Flow sediment transport and bed-form dynamics over the Transition from dunes upper~stage Plane beds:implications for the formation of Planar Laminae. Sedimentology,5:753-763.

Bridge J S and Maekey S D. 1993. A theoretical study of fluvial sandstone body dimensions. SPee. Publs. Int. Ass. Sediment,15:213-236.

Bridge J S. 1981. Hydraulic interpretation of grain-sized distributions using a Physical model for bed-load transPort. sediment,Petrol.,51:1109-1124.

Bridge J S. 1981. Hydraulic Interpretation of Grain-Size Distributions Usinga Physical Model for Bed-loadTransPort. Sed. Petrology,51:1109-1124.

Brooks K A W. 1965. The classification of cross-stratified units. Comment on a Paper by Allen J R L. Sedimentology,65(3):247-254.

Bryant J D. 1993. Quantitative clastic reservoir geological modeling:ProblemsandPerspective. SPee. Publs. Int. Ass. Sediment,15:315-323.

Cheel R J & Middleton G V. 1986. Measurement of small-scale laminae in sand-sized sediments. Sedim. Petrol.,56:547-549.

Coleman J M. 1969. Brahmaputra River:Channel processes and sedimentation. Sedim-Geaf. 129-239.

Crowley K D. 1983. Large-Scale Bed Configurations(Macro-forms),PlatteRiver Basin, Colorado and Nebraska: Primary Structures and Formative Proeesses. Bull. Ged. Soe. Amer.,94:117-133.

Deaeon G F. 1894. Discussion of Estuaries by Partiotz. H. L., Institution Civil Engineers(London) Prof. paper,118:47-189.

Delft Hydraulic Laboratory. 1962. Demarara Coasal Investigation. Hyd. Lad.,Delft,the Netherlands,240-245.

Einstein H A. 1950. The Bed-load Function for Sediment Transportation in open channel Flows. U. 5. DePt. AgricultureTech. Bull.,1026:7-73.

Fraser G S,Fishbaugh D A. 1990. Sedimentary structures of the late Wisconsian terraees along the Wabash river Great lake section spec. Paper,Sor. Fcon.,Petrol. Mineral Field Trip Guidebook,59-78.

Gilbert G K. 1914. The transportation of debris by running water. U. S. Geol. Survey Prof. Paper,86:263-267.

Kalinske A A. 1987. Movement of sediment as bed load in rivers. TransAnl. GeoPhys,Union,28:615-620.

Leeder M R. 1983. On the interaction between turbulent flow, sediment transport and bed-form mechanics in channelized flows. In:J. D. Collinson and J. Lewin (Eds.). Modern and Ancient Fluvial. Systems, SPee. Pubis. Int. Ass Sediment,Blaekwell,London,6:5-18.

Luque R F. 1974. Erosin and transport of bed-load sediment. Ph. D. Thesis,Technieal Hi-ghsehool,Delft,Holland,KviPs. ReProBV.,MePPel,65-69.

Miall A D. 1985. Architectural-element analysis:a new method of facies analysis appied to Fluvial deposits. Earth Science Review,22:261-308.

Miall A D. 1988. Architectural elements and bounding surfaces in fluvial deposits:anatomy of the Kayenta formation (lower jurassic), Southwest Colorado. Sedimentary Geology,55(3-4):233-240.

Miall A D. 1988. Reservoir heterogeneities in fluvial sandstones; lessons from outcrop studies. AAPG Bulletin,72(6):682-697.

Postma G. 1990. An analysis of the variation in delta architecture. Terra Nova,2(2):124-130.

Reading H G. Sedimentary Environments and Facies. 2nd ed. Blackwell. Oxford.

Schumm S A. 1971 Fluvial geomorphology: channel adjustment and river metamorphasis in river meehaniesed. by Shen, H. W. ,1:22-25

Schumm S A. 1968. Speculations concerning Paleo-hydrologic controls of terrestrial sedimentation. Bull, Geol., Soe. Anl. ,79:1573-1578.

Schumm S A. 1977. The Fluvial System. Wiley-Intel-scienee,N. Y,338-363.

Simons D B, Riehardson E V, Nordin C F. 1965. Sedimentary structures generated by Flow in fluvial channels, In: Middleton, G V ed. ,Primary sedimentary structures and their hydrodynamic interpretation. Soc. Eocn. Paleontologists Mineralogists Spec. Publ,12:34-529.

Simons D B, Riehardson E V. 1961. Forms of bed roughness in alluvial channels. Am. Soc. Civ. ,Engrs. ,387:87-105.

Simons D B and Riehardson E V. 1961. Resistance to flow in alluvial channels. Amer. Soc. Civ. Engrs. Trans. ,127:927-954.

Tye, R S. 2004. Geomorphology: An approach to determining subsurface reservoir dimensions: American Association of Petroleum Geologists. Bulletin,88:1123-1147.

Williams G E. 1971. Flood deposits of the sand-bed ephemeral streams of central Australia. Sedimentology,17(1):1-40.